2012년 4월.
아프리카 케냐의 작은 시골 마을에서
한 생명이 잉태되었습니다.

10개월의 긴 기다림 끝에

미루라는
예쁜 여자 아기가
한국에서
탄생하였습니다.

많은 이의 사랑을 듬뿍 받으며 지내던 순둥이 미루는

자연 속에서 대안적 삶을 살고자 하는

지극히 노마드 적이고 별난 부모를 만난 탓에

생후 6개월 만에 긴 여행길에 오르게 됩니다.

이 책은 그에 대한 소박한 기록입니다.

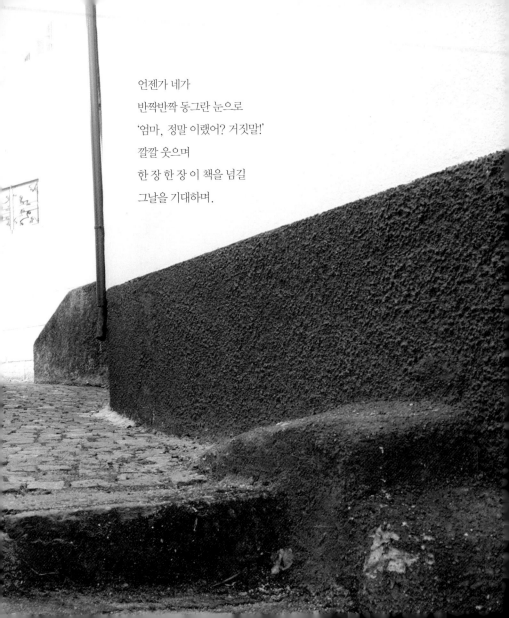

언젠가 네가
반짝반짝 동그란 눈으로
'엄마, 정말 이랬어? 거짓말!'
깔깔 웃으며
한 장 한 장 이 책을 넘길
그날을 기대하며.

Prologue

몇 년 전 카밀과 난 아프리카, 인도, 동남아, 오세아니아, 남미 등 세계여행을 하며 큰 NGO 단체를 거치지 않고 독립적으로 우리 손이 필요한 곳을 찾아 자원봉사를 하는 '채리티 트래블(Charity Travel)charitytravel.blogspot.com'이란 프로젝트를 했다. 크게는 아프리카 현지 친구들과 마을 센터를 짓고, 작게는 남미의 빈민촌 아이들과 공을 차며 놀면서 지구 상에 벌어지는 수많은 부조리와 그 안에서 투쟁하며 살아가는 사람들을 직접 목격하고 느끼고 아파할 수 있었다. 그리고 이를 위해 내가 할 수 있는 일은 무엇인가 많은 고민을 했다. 그 과정에서 카밀과 난 자급자족을 하는 소규모의 공동체 생활이 환경 오염, 가난, 기아 등 세상의 여러 문제를 풀 하나의 실마리가 될 수 있다는 생각을 했다. 1년간의 프로젝트를 끝낸 후 우린 결혼을 했고 여행을 계속했다. 그리고 자연 속에서 마음 맞는 이웃과 함께 작은 공동체를 이루어 오손도손 자급자족하고 예술 활동을 하며 사는 소박하면서도 거창한 삶을 꿈꾸었다.

그러던 어느 날, 미루라는 축복이 왔다. 마흔이라는 늦은 나이에 '엄마'가 된 것이다. 엄마가 되고 보니 처녀 땐 이해 안 됐던 모든 게 이해됐고 냉소적으로 세상을 보는 시각도 달라졌다. 그리고 지난 40년 내 인생이 참 철없어 보였다. 정말 신기했다. 꼬물꼬물 뒤트는 요 작은 생명이 인생에 대해, 인간에 대해, 세상에 대해 어떻게 이토록 큰 가르침을 주는 걸까? 미루가 생기자 원하는 삶에 대한 욕망은 더 절실해졌고 미루가 6개월이 되던 때 우린 결심했다. 공동체 문화가 비교적 자리를 잡은 스페인으로 가자고.

어린 미루를 데리고 떠난다고 했을 때 사람들은 내게 철이 없다고 했다. 미루가 무슨 죄로 그리 고생해야 하느냐고 했다. 하지만 난 당당히 말했다.
'고생이야 내가 하는 거지. 이렇게 여행할 수 있는 아기가 얼마나 있다고?'
그 무엇보다 강한 게 엄마라는 존재다. 고로 여행에서 오는 모든 고생은 엄마인 내가 맡는다. 카밀과 나의 꿈을 위해 떠난다고는 하지만 결국 이 모든 건 우리보다 더 오래 살 미루를 위한 것이니까.

'정착을 위한 여행'.
아이러니하고 불안하고 무한하고 거창한 타이틀이다. 이 무모한 여행의 끝이 어디일지 모르겠지만 후에 미루가 모두에게 건강하고 멋진 모습으로 인사할 수 있도록 최선을 다하겠다고 '엄마'란 이름으로 다짐했다.

자, 미루야! 준비됐니?
이제 우리 출발해 볼까?

Contents

Prologue 012

프랑스, 어느 시골 마을

다이나믹 인생, 스페인

언제나 환영, 네덜란드

포르투갈, 우리 집은 어디인가

베를린, 특별한 인연

Wittlich

↓

Berlin

↓

Prenzlau

↓

Berlin

7주 만에 보는 아빠

많은 지인은 내가 카밀 먼저 여행하도록 허락한 걸 이해 못 했다. 혼자 육아를 해야 하는데 억울하지 않냐고. 카밀도 그렇지 어떻게 아기를 두고 먼저 갈 수 있냐고. 카밀은 나보다 더한 여행 유전자를 가지고 있다. 미루 출산 후 한국 생활에 만족했음에도 그는 떠나고 싶어 온몸을 오징어처럼 뒤틀었다. 친정어머니의 도움이 있었기에 허락할 수 있었지만, 그의 뒤트는 모습을 차마 옆에서 볼 수 없었던 이유가 더 강했다. 떠나고 싶을 때 못 떠나는 그 느낌이 어떤 건지 알기에.

미루와 나보다 한 달 반 먼저 한국을 떠난 카밀은 빠른 속도로 싱가포르 및 동남아 몇 개국을 여행한 후 유럽으로 건너가 자동차 및 앞으로 여행에 필요한 것을 준비했나. 근 7주 만에 독일에서 다시 만난 아빠. 미루가 아빠를 알아봤는지는 잘 모르겠다. 하지만 확실히 깨달은 게 하나 있었으니, 진정 가족은 같이 있을 때 빛이 난다는 것이다.

여행의 신

카밀과 재회한 후 강행군의 연속이었다. 프랑크푸르트(Frankfurt)에서 두 시간 떨어진 소도시 위트리히(Wittlich)에 사는 친구 나디아(Nadja)의 집에서 일주일을 지낸 후 12시간을 달려 독일 중동부 드레스덴(Dresden)에 사는 친구 집에 이틀 있다가 다시 반나절 달려 베를린에 입성, 다음 날 친구의 결혼식에 참석한 후 바로 결혼식 파티를 위해 베를린에서 두 시간 떨어진 프렌즈라우(Prenzlau)의 휴양지에서 이틀간 광란의 파티, 그리고 유럽 체류권 획득을 위해 다시 베를린으로 돌아왔다. 후... 말만 해도 숨이 찬다.

이런 강행군 속에서도 우리의 위대한 미루, 잘 먹고, 잘 자고, 잘 웃고, 훌륭히 잘 적응해주시니 진정 그녀는 내추럴 본 트래블러, 여행의 신이었던 것이다! 사실 12시간 운전은 어른도 힘든데 아무리 중간에 쉬어간다 해도 그 시간을 줄곧 카시트에 앉아 있었으니 얼마나 갑갑하고 힘들었을까. 나중엔 정말 애 데리고 뭐 하는 짓인가 싶었다.

떠나기 전부터 계속 미루에게 최면을 걸 듯 한 말이 있다.

"미루야, 여행은 네 운명이야. 그냥 받아들여."

그게 먹힌 것일까? 문득 이런 생각이 들었다. 미루는 분명 내 배 속에서부터 우리가 하는 말을 유심히 듣고 사태 파악을 미리 한 게 틀림없다고. '이 사람들 밑에서 자라려면 서바이벌 스킬을 제대로 가져야겠어.'라고 중얼거렸을 게 틀림없다고. 아! 불효자가 우는 게 아니라 못난 부모가 우는구나!

미루야, 고맙다! 사랑한다!

이유식

아기와 여행하는 데 있어 가장 어려운 건 이유식이다. 숙소가 매번 달라지고 그에 따른 부엌 상황이 달라지니 먹이고 싶은 걸 제대로 먹이기가 어렵다. 차에서 보내는 시간이 많은 날엔 더 그렇다. 더운 날씨에 열기로 익어버린 도시락을 먹이자니 영 찝찝하고, 아이스박스가 있다 해도 빨리 해동하는 게 어려워 효과가 없다. 그때그때 만들어 먹이는 게 최상이겠으나 고속도로 한복판에서 그게 될 리 없다. 몇 번 휴게소에 부엌을 써도 되냐고 물어봤지만 그걸 허락한 곳은 한 곳뿐이었다. 뭐든 좋은 걸 먹이고 싶은 게 엄마 마음이지만 여행할 때 이유식 챙기기란 마음을 비우는 내공을 요구한다.

가장 만만한 게 과일이다. 특히 바나나는 신께서 내려주신 천상의 음식. 어디서든 살 수 있고, 바로 으깰 수 있고, 영양과 맛까지 있으니 그야말로 왕 중의 왕이다. 부엌을 쓸 수 있을 땐 채소를 쪄서 으깨 먹였고 정 급할 땐 따뜻한 물만 부으면 되는 가루 이유식을 먹였지만 기분이 좋진 않았다. BIO 표시가 있는 독일 제품은 유기농이고 믿을 수 있다고 카밀은 개의치 않았지만 그건 어디까지나 뭘 몰라도 한참 모르는 남자의 합리화일 뿐, 참새 새끼처럼 벌리는 입에 그걸 집어넣는 내 마음은 무겁기만 했다. 고기 국물에 갖은 채소와 쌀을 푹 삶아 만든 정성 만점 할머니 표 이유식은 차치하더라도 채소라도 제대로 먹였으면 좋으련만. 아, 할머니 표 이유식이 그립구나! 어디 특급 배달 없나? 유럽엔 보온 도시락 통이 없다는 걸 뒤늦게야 알았다. 알았더라면 한국에서 가지고 왔을 텐데 아쉬웠다.

같이 살 권리

대부분 국제결혼을 하면 자동으로 배우자 나라의 체류권이나 시민권이 나올 거라 생각하지만 안타깝게도 현실은 그렇지 않다. 결혼했어도 거쳐야 하는 절차가 복잡하고 까다로워서 카밀의 나라인 네덜란드의 경우도 배우자가 높은 액수의 월수입을 증명해야 하고 어떤 경우엔 언어 및 역사시험을 치러야 한다. 가족이 함께 살 권리를 보장하는 유럽연합법이 있긴 하지만 적용하는 나라가 적고, 또 외국인 이민에 대한 벽이 갈수록 높아져서 결혼했다 해도 같이 사는 게 쉽지 않은 것이다.

네덜란드 여권이 있는 미루는 괜찮았지만, 정착을 위한 긴 여행을 하려면 난 체류권이 필요했고 글을 쓰는 사람인 카밀에게 이 모든 건 엄청난 부담으로 다가왔다. 유럽 체류권 획득을 위해 베를린으로 온 이유는 네덜란드보단 독일이 비교적 관대하고 행정처리가 빨랐으며 베를린이 이민자가 많은 도시였기 때문이다.

내 존재 여부가 누군가의 월수입에 의해 결정된다는 것. 내 가치는 지원서에 적힌 'Seung Yeon Choi'란 13개의 알파벳일 뿐, 내 키, 내 얼굴, 내 성격, 내 가치관, 즉 나를 구성하는 모든 건 아무 의미가 없다는 것. 내 나라가 아닌 다른 나라에서 살기 위한 통과의례치곤 너무 잔인하다.

국적이 어디든, 인종이 무엇이든, 수입이 어떻든, 사랑하는 사람과 가족을 이루며 같이 살 권리를 누릴 수 있는 곳. 키 작은 동양 여자와 결혼했다는 게 결코 걸림돌이 되지 않는 곳. 이런 곳을 꿈꾸는 건 한낱 철없는 이상주의자의 철없는 공상일까.

Freiheit statt Angst.

(Freedom instead of Fear)

즉 '두려움 대신 자유를'.

베를린 거리에 잔뜩 붙어있는 이 포스터를 보며 우린 체류권에 대한 두려움을 자유에 대한 갈망으로 극복하기로 했다. 이 여행의 목적을 생각하며, 즉 앞에서도 말했듯 '자연 속에서 마음 맞는 이웃과 함께 작은 공동체를 이루어 오손도손 자급자족하고 예술 활동을 하며 사는' 그 사유를 위해. 자신 있게 스페인으로 떠날 그날을 위해. 그렇게 베를린은 우리를 반겨줬다.

새 주소

서블렛(sublet)이란 개념이 있다. 원 세입자가 사정에 의해 장/단기간 집을 비울 경우 그 기간에 제삼자에게 세를 주는 시스템이다. 대부분 쓰던 물건을 그대로 두고 가기 때문에 우리처럼 단기 거처를 찾는 사람에게 안성맞춤이다.

한때 유럽의 대도시 중 저렴한 월세를 자랑하던 베를린이었지만 이젠 예전 같지 않아서 예산에 맞는 아파트를 찾는 게 쉽지 않았다. 하지만 넓은 정보통을 자랑하는 카밀 덕분에 동베를린의 이른바 '핫'한 동네인 크로이츠베르크(Kreuzberg)에 마음에 드는 서블렛을 구할 수 있었다.

그리하여 두 달간 지낼 임시 주소가 생겼다.

Forsterstraße, 10999 Berlin.

임시 주소란 말은
집이 주는 포근함과 함께
언제고 떠날 수 있다는 자유를
동시에 주는 묘한 단어다.
그렇게 베를린 생활이 시작됐고
그 좋다는 베를린 여름은
벌써 끝자락을 잡고 있었다.

천상의 맛

이게 바로 복숭아란 말이지?

별거 있겠어?

다른 거랑 똑같겠지.

앗, 그런데…

이 손끝의 촉감과

이 혀끝의 촉감.

이것은…

천상의 맛.

멈출 수가 없어.

하나 더!

미루야, 앞으로 맞이할 신세계가 한둘이 아닐 텐데 뭘 복숭아 가지고 벌써부터 이러니? 맛있는 거 많이 만들어 줄 테니 기다려랏!

부엌이 있어 마음껏 음식을 해 줄 수 있다는 건 참 감사한 일이다. 특히 독일은 식료품 값이 싸기 때문에 재료를 부담 없이 구할 수 있어 좋다.

'Baby Led Weaning'이란 육아법이 있다. 우리 말로 '아이 주도 이유식'이라 할 수 있겠는데 떠먹이는 게 아닌 아기 스스로 먹게 두는, 즉 아기에게 채소 및 기타 음식을 주고 알아서 선택해 먹게 하는 방법이다. 난 당근, 브로콜리, 감자 등을 쪄서 미루에게 줬는데 비록 옷과 주변은 엉망이 됐지만 마치 놀이를 하듯 즐겁게 집어먹었다. 이제 미루는 스스로 어린이! 가끔 이유식 거부를 하지만 주는 대로 잘 먹는 미루가 고마울 뿐이다.

베를린 일상

내게 각인된 베를린의 이미지는 빔 벤더스(Wim Wenders) 감독의 영화 '베를린 천사의 시'다. 컬러보단 흑백이 더 어울리고 약간은 몽환적이어야 할 것 같은 베를린. 분단의 역사 속에서도 아이의 순수함을 간직한 듯 영화 시작에 나오는 '아이가 아이였을 때 자신이 아이란 걸 모르고 완벽한 인생을 살고 있다고 생각했다.'란 구절이 무척이나 어울리는 마력의 베를린.

베를린 생활은 이번이 세 번째다. 올 때마다 느끼지만 사실 베를린은 흑백이 아닌 펄떡펄떡 보여줄 수 있는 온갖 색을 보여준다. 우리가 사는 크로이츠베르크는 꽤 오래전부터 전 세계 예술가들을 자석처럼 끌어들이는 곳이다. 개성 넘치는 젊은이들이 뿜어내는 에너지, 기발한 낙서, 예쁜 카페와 갤러리, 아기자기 상점들이 가득 찬 거리를 걷고 있으면 나도 모르게 같이 펄떡펄떡 뛰게 된다. 많은 장기 여행자가 그들 여행의 끝에 베를린에 둥지를 트는 건 그리 놀랍지가 않다.

미루에게도 이런 에너지를 전해주고 싶다. 미루와 함께 베를린에서 지낼 수 있다는 선 행운이다.

템펠호프 공원

베를린의 장점 중 하나는 도시 곳곳에 공원이 있다는 것이다. 그중 템펠호프 (Tempelhof) 공원은 내가 제일 좋아하는 공원으로 2년 전 두 달 동안 근처에 살면서 그 매력에 푹 빠져버렸다. 서베를린 시절, 한때 공항 건물로는 세계 최고 규모를 자랑했던 공항이었는데 2008년 폐쇄된 후 온갖 재개발 계획이 난무했지만, 주민들의 반대로 개발하지 않고 옛날 공항 모습 그대로를 간직한 채 공원이 되었다. 시원하게 펼쳐진 활주로를 따라가다 보면 나도 날개를 펴고 비상할 것만 같다.

10월 초임에도 바람이 꽤 쌀쌀했지만 오랜만에 가족 소풍을 나왔다. 여름이었다면 모락모락 연기를 내며 바비큐를 했을 텐데 그럴 수 없는 게 아쉬웠다. 2년 전 시작 단계였던 시민 정원은 제법 큰 정원이 되어 아기자기 꽃들로 가득했고 그 꽃을 만지며 여기저기 기어 다니는 미루를 보며 난 세월의 흐름을 느낄 수 있었다.

베를린 가을 산책

여름의 끝에 시작했던 베를린 생활도 가을을 지나 겨울로 접어들고 있었다. 10개월이 넘은 미루는 도리도리 쥠쥠을 했고, 손뼉을 쳤고, 인디언처럼 와우와우를 했고, 으아으아, 닷닷닷다, 뎃뎃뎃데 쉴 새 없이 조잘거렸고, 음악이 나오면 춤을 췄고, 좋고 싫은 걸 표현했고, 가히 마하의 속도로 온 집을 기어 다녔다. 매일매일 새롭게 선보이는 행동은 우리를 즐겁게 했고 어르신들이 흔히 말씀하시는 '아이고, 이쁜 내 새끼!'라는 게 어떤 건지 제대로 알게 해줬다.

반면 체류권을 위한 이민국 인터뷰에선 체류권 획득을 거절당했고, 서류 준비를 다시 해야 하느라 애초 계획보다 더 오래 베를린에 있어야 했다. 뜻밖의 결과에 당황스러웠고 떠나자 조르는 온몸의 세포를 달래야 했지만, 베를린을 더 즐길 수 있다고 애써 위로하며 찬 바람에 옷깃을 여미고 최대한 많이 산책 나갔다. 이럴 때 믿을 수 있는 건 오직 긍정의 힘. 물론 이 때문에 새로 서블렛 아파트를 구해 이사해야 했지만 말이다.

요즘 엄마는 미루와 함께 동네 산책을 많이 하세요.

추운 겨울이 오기 전 베를린의 재미난 풍경을 보기 위해서지요.

걷다 보면 길바닥에 2차 대전 때 희생당한

유대인들을 기리는 금판도 볼 수 있고

벼룩시장에서 사람들의 박수를 받는 거리의 악사도 볼 수 있고

신호의 막간을 이용해 공 재주를 부리는 거리의 예술가도 볼 수 있고

길거리 벤치에 앉아 한가로움을 즐기는 아줌마도 볼 수 있지요.

길거리 낙서는 우리에게 말을 걸고

도시는 더 많은 걸 보여주고 싶어 안달입니다.

미루에겐 이 모든 게 그저 신기할 뿐이랍니다.

자, 오늘은 어디로 가볼까요?

접속

앗…

이 아이…

왠지 통할 것 같아.

"너 뭐 해?"　"잠깐만 있어 봐."

"너 뭐 하느냐고?"　"잠깐만 있어 봐."

"이걸 너에게 주고 싶어."　"이게 뭔데?"

"뭐야, 풀 쪼가리잖아."　"아냐, 그렇게 단순하지 않아."

"이런 건 그냥 이렇게 부러뜨려서…"　"야, 그러지 마."

"이까짓 풀이 뭐라고 그래?"　"그럴 거면 이리 줘."

"이리 달라니깐."　"줬다가 뺏기야?"

"얘들아, 잘 놀고 있지?"　"예~ 그럼요!!"

다시 놀러 간 템펠호프 공원에서 만난 친구와의 밀당 한 판.
미루야, 친구가 너의 깊은 뜻을 미처 못 헤아렸구나.
걱정 마. 친구가 언젠가는 네 마음을 알아줄 거야.

독일 엄마들은 아무리 추운 겨울이라도
아기를 데리고 바깥 외출을 많이 한다고 한다.
슬슬 월동 준비를 할 때가 됐다.

인생 선배

애들아, 내가 말이야.

11개월 산 인생 선배로서 충고 하나 하겠는데 말이야.

자고로 인생이란 멀리 봐야 하는 거야.

지금 처한 상황이 절망적일 수 있어, 하지만!

인생 길게 놓고 보면 아무것도 아니다, 이 말이지. 알겠어?

뭐야, 너희들…

내 말 듣고 있는 거야?

하여간 요즘 애들이란…

앗, 엄마! 보고 계셨어요?

엄마, 얘들이 저에게 굴욕을 줬어요…

자존심 상해요…

허공에 대고 쉴 새 없이 외계어를 하는 미루. 11개월 아기도 할 말이 이리 많은데
다 큰 우린 오죽할까. 할 말 다 하고 살기 참 어려운 세상, 지금이라도 하고 싶은 말
다 하렴! 그나저나 미루야, 엄마가 빨리 발가락 구멍 난 거 꿰매줄 게.

삼시 세끼 먹이고, 낮잠 두 번 재우고, 기저귀 갈고, 놀아주고, 집안일 하고… 그
러면 어느새 훅 지나가는 하루. 아! 전업주부의 삶이란 이런 거구나. 파리니, 런던
이니, 뉴욕이니, 그 어떤 매력적인 도시에 살아도 종일 집에 있는 전업주부에겐 그
저 창밖 너머 딴 세상일뿐이구나. 그래서 내가 그렇게 산책에 집착했는지 모른다.
베를린을 제대로 못 즐긴다는 억울함 때문에. 천성이 순둥이인 미루 덕분에 육아가
그리 어렵진 않았지만 억울한 느낌이 드는 건 어쩔 수가 없었다.

아름다운 청년

한 청년이 우리 집에 왔다 갔다. 워킹 홀리데이 비자로 일하며 여행 중인 청년이었다. 한국을 떠나기 전날, 내 책 '착한여행 디자인'을 인상 깊게 읽었다고 했다. SNS를 통해 만나고 싶다며 연락이 왔고 진짜로 베를린에 왔다. 마음이 건강한 청년이었다. 자아가 분명했고 발전의 의지가 강한 동시에 선하고 겸손했다. 이런 청년에게 내 책이 조금이나마 자극이 됐다는 게 기뻤다.

가끔 타인의 눈을 통해 자신을 반추할 때가 있다. 그는 카밀이 자기가 본 외국인 중 가장 선하다고 했고 미루처럼 생당근을 들고 먹는 아기는 처음 본다고 했으며 우리 집에 머문 동안 힐링을 했다고 했다.

그가 자신의 핸드폰으로 찍어 보낸 우리 가족. 아주 행복해 보이는 우리 가족.

그랬다. 우리 가족은 정말 행복했다. 카밀과 미루의 존재만으로도 충분히 행복한 것을, 그 사실을 내가 체류권이란 장애물 때문에 잠시 잊고 있었다. 그는 잘 쉬고 간다며 감사해 했지만 오히려 이를 상기시켜준 그의 방문에 내가 더 감사했다. 그가 하는 여행이 부디 매 순간 좋은 경험으로 남아 인생의 자양분이 되길 빈다. 아름다운 청년 기범 씨, 파이팅!

가끔 이렇게 내 책을 읽고 힘이 됐다는 메시지를 받을 때가 있다. 그럴 때마다 참 송구스럽고, 뿌듯하고, 감사하고, 동시에 앞으로 제대로 살아야겠다는 책임을 느낀다.

캥구를 소개합니다

안녕하세요!
앞으로 미루네 가족을 책임질 캥구라고 합니다!
고향은 프랑스.
나이는 14살.
압니다, 자동차치고 나이가 좀 많다는 거.
하지만 힘은 새것 못지않게 펄펄하니
걱정은 저기 물품 보관소에 맡겨두십시오!
잘 부탁드립니다!

드디어 중고차 구매!
차가 생겼다는 것만으로 여행의 반은 이룬듯한 이 기분.
스피커 볼륨을 최대로 올린 채
카밀은 핸들을 드럼 삼아 장단을 맞추고
난 창밖의 공기를 손으로 만지며 달리는 그 순간을 위해
오늘도 열심히 살련다.
캥구야, 우리 같이 잘 해보자!
스페인이 더 가까워졌다.

이제 이 집도 안녕

미루야~

미루야?

우리 미루 어딨어?

자기야, 미루 못 봤어?

짜잔! 우리 미루 여기있네!!

어쩐지 조용하다 했더니

사고 치고 있었어....

11월 한 달을 포근하게 감싸줬던 Wranglestraße 23 아파트. 이곳도 이제 떠날 때가 됐다. 마침내 발목을 잡던 체류권을 받은 것이다. 이제 스페인으로, 아니 스페인이 아니라도 어디든 갈 수 있게 됐다. 여권보다 작은 이 종이 한 장 때문에 그렇게 기다려야 했다니. 새삼 제도권의 힘과 잔인함을 느끼며 '인간 자유의 범위는 어디까지인가'를 생각했다.

여행자가 누리는 자유가 바로 이거다. 한곳에 정착할 생각만 없다면 일반 관광비자 체류 기간인 3개월 단위로 미련 없이 어디든 훌쩍 떠날 수 있다는 것. 모든 문제는 한곳에 살고자 하는 집에 대한 인간의 본능적 욕망으로부터 생긴다.

본격적인 겨울로 접어든 12월 초. 드디어 캥구는 그 시동을 걸었고 미루는 카시트에 앉았다. 우리가 떠나던 날, 베를린은 섭섭한 듯 주룩주룩 비를 흘렸지만 우린 미련 없이 떠났다. 앞으로 시작될 모험에 잔뜩 부푼 채.

고마웠어, 베를린! 다음에 또 같이 펄떡펄떡 뛰어보자!

여행의 시작, 베네룩스

Wittlich

↓

Utrecht

↓

Amsterdam

↓

Noord-Brabant

↓

Brussels

↓

Luxemburg

미루와 무나

베를린을 떠나 크리스마스를 시댁에서 보내기 위해 네덜란드로 가던 중, 우리는 처음 유럽에 왔을 때 머물렀던 친구 나디아의 집에 들렀다. 독일 출신인 그녀에겐 모로코 출신 남자친구 사이에서 난 딸 무나(Muna)가 있는데 미루보다 정확히 한살이 많다. 즉 신기하게도 미루와 생일이 같은 것이다.

무나와 미루의 시작은 순조롭지 않았다. 힘 조절이 안 되는 무나는 본의 아니게 미루를 아프게 했고 한참 자기 물건에 대한 애착이 강할 때라 미루가 만지는 모든 걸 뺏었다. 결국 만난 지 이틀 만에 미루 얼굴엔 고양이가 할퀸 것처럼 상처가 7개나 났고 무나가 가까이 오면 괴성을 지르며 울고 말았으니, 오호통재라, 이게 웬 때아닌 수난이란 말인가!

난 나디아의 조치를 바랐지만, 그녀는 전혀 훈육하지 않았고 조용히 타이르며 미루에게 키스를 시키는 걸로 끝냈다. 처음엔 웃어넘겼지만 같은 상황이 반복되자 훈육하지 않는 나디아의 육아에 불만이 생기기 시작했다. 이럴 땐 어떻게 해야 할까? 모든 육아가 같을 수 없는데 어떤 잣대를 들이밀며 옳고 그름을 말할 수 있을까? 그리고 과연 훈육은 필요한 걸까?

결론만 얘기하면 내가 나디아의 육아를 따랐다. 무나가 미루를 울리면 눈높이를 맞추며 앉아 살살 만지는 법을 보여줬고 미루도 같이 키스를 하게 했다. 대신 최대한 미리 방어를 했고 많이 안아주고 많이 달랬다. 결과가 당장 보이진 않겠지만 바로 꾸짖기보단 서로에게 적응하는 법을 보여주는 게 좋겠단 생각이 들어서였다. 국어사전에 훈육은 '품성이나 도덕 따위를 가르쳐 기름'으로 나와 있다. 이는 많은 끈기와 참을성을 요구하는데 어쩌면 우리의 조급함이 바로 매를 들게 하는 건 아닌지 모르겠다.

첫 사회생활 신고를 한 후 지쳐 잠이 든 미루의 어깨를 토닥이며 이렇게 말했다. '미루야, 힘들지? 이게 바로 사람 사는 세상이란다. 앞으로 무나는 미루의 둘도 없는 친구가 될 거야. 엄마가 도와줄 테니 파이팅 하자!'

언니야, 맛있어?

자, 이제 먹어볼까나.

어, 무나 언니가 지금 뭘 먹는 거지?

저기 언니! 나 한 입만 먹으면 안 될까?

됐거든. 먹고 싶음 네 엄마한테 달라고 해.

으이구, 진짜 물어 본 내가 잘못이지...

무나야, 미루 한 입만 주면 안 돼?

싫은데요.

무나 원래 미루 좋아하잖아. 한 입만 주자, 응?

흠... 좀 미안하긴 하네요...

미루야, 언니가 먹어도 된대!

정말요? 칫, 치사해서 안 먹을래요.

무나 언니가 큰맘 먹고 주는 거잖아. 먹어 봐.

이야~ 맛있어요!

무나야, 나눠 먹으니까 좋지?

예!

미루야, 다음부턴 나눠줄게.

진짜지?

그리하여 평화롭게 상황 종료.

티격태격 무나와 미루.

앞으로 이들의 관계가 어떻게 발전할지 궁금하다.

무나야, 다시 만날 때까지 건강히 잘 자라렴!

한겨울의 위트레흐트

카밀과 막역한 막내 도련님이 살고 있어서 네덜란드에 올 때마다 항상 먼저 오게 되는 위트레흐트. 이번에도 시댁에 가기 전, 먼저 위트레흐트에 들렀다.

미술용품 브랜드 이름을 연상시키는 위트레흐트는 그 화파가 있을 정도로 유럽 미술사에 중요한 자리를 잡고 있는데, 그걸 증명하듯 도시는 한 폭의 그림처럼 예쁘다. 감히 말하건대 암스테르담보다 예쁘다.

위트레흐트의 운하가 암스테르담의 운하와 다른 점이 있다면 운하 바로 옆에 둔치가 있다는 것이다. 그래서 많은 카페와 레스토랑이 둔치에 테이블을 놓고 영업을 하고, 대학 도시답게 여기저기 젊은이들이 모여 담소를 나눈다. 비슷비슷한 네덜란드 도시 중에서도 유난히 '예쁘다'란 형용사를 아끼지 않게 되는 위트레흐트. 네덜란드에서 살게 되면 기꺼이 이곳을 택할 것 같다.

2차 대전 때 큰 공습을 받지 않아서 대부분의 건물이 백 년 이상 되는데 가끔 우리나라 도시도 전쟁 없이 예전 모습을 그대로 유지했다면 어땠을까란 생각을 한다. 분명 이곳 못지않게 예쁜 도시가 되었을 텐데.

유명한 토끼 캐릭터인 미피(Miffy)의 저자 딕 부르나(Dick Bruna) 하우스가 중앙박물관 내에 있다고 하는데 언젠가 미루와 함께 꼭 가봐야겠다.

한겨울의 암스테르담

아기를 돌봐줄 누군가가 있다는 건 가뭄 끝에 내리는 단비와도 같다. 막내 도련님의 배려로 위트레흐트에서 기차로 30분 떨어진 암스테르담에서 오랜만에 가졌던 카밀과의 오붓한 데이트. 이게 진짜 얼마 만인지. 추웠지만 추운 만큼 서로를 따뜻하게 안아줘서 좋았던 데이트. 서방님, 앞으로 자주 합시다.

네덜란드는 전통적으로 스케이트에 강한데 겨울마다 사람들은 '엘프스테이튼톡트(Elfstedentocht)'란 스케이트 대회의 개최 여부에 온 관심을 쏟는다. 운하로 연결된 프리슬란드(Friesland)주 12개 도시를 완주하는 약 200km 스케이트 마라톤인데 1997년을 마지막으로 기후 변화 때문에 열리지 못했다고 한다. 매일 일기예보에 귀를 기울이고 깊이 14cm가 얼어야 한다는 운하를 체크하며 '과연 올해는 가능한가!'를 외치는 모습이 인상적이었다. 전에 꽁꽁 언 운하에서 스케이트 타는 사람들을 봤었는데, 한강에서 썰매를 탔다는 우리의 옛 전설이 떠올랐다.

할아버지 동네 구경

국제결혼을 하면 시댁 스트레스가 없을 거라고 생각하는 사람도 있겠지만, 동서양을 막론하고 시댁은 똑같이 어렵다. 문화에 따른 정도 차이만 있을 뿐 지지고 볶는 인간 관계는 어디든 같은 것이다. 그동안 여러 번의 시댁 방문을 했지만 결코 쉬워지지 않는다. 무뚝뚝한 집안 분위기도 한몫하지만 카밀과 시아버지의 관계가 어색하기 때문이다. 하지만 이제 미루라는 새로운 인물이 등장했으니, 이렇게 미루와 함께 동네 산책을 하며 부자간에 깊은 대화를 할 수 있다면 앞으로의 관계는 희망적이지 않을까?

네덜란드 남쪽 노르트 브라반트(Noord-Brabant) 지방의 작은 마을에서 은퇴 후 노후를 즐기고 계시는 시아버지 댁은 갈 때마다 '평화롭고 여유로운 시골 마을'의 정석을 보는 것 같다. 도시와 멀지 않아 있을 것 다 있고, 국립공원이 가까이 있어 언제든 자전거를 타고 자연 속으로 갈 수 있는 환경. 누군에겐 특색 없고 지루할 수 있겠지만 누구에겐 천국이나 다름없을 것 같다.

우리나라는 삼신할미가 아기를 가져다준다는 미신이 있지만
네덜란드에선 황새가 아기를 물어준다고 한다.
그래서 그런지 산책 중 황새 깃발이 꽂힌 집이 있었다.
아기 탄생을 축하해요!

고양이 얀스

엄마! 얀스 못 봤어요?

여기 있나??

저기 있나??

쿨쿨쿨...

여기 있다! 얀스야,

이렇게 숨어있으면 어떡하니?

잔잔한 물결 같던 시대 고양이 얀스의 삶에 나타난 불청객, 11개월 아기 미루. 유난히 게으른 성격의 고양이 얀스는 자신만 보면 6옥타브 소리를 지르며 좋아하는 미루 덕에 그 무거운 엉덩이를 계속 움직여야만 했다. 미루 덕에 다이어트 하나는 제대로 했으니, 얀스는 미루에게 감사해야 할까?

12월의 네덜란드

네덜란드엔 크리스마스와는 별도로 12월 5일에 네덜란드의 산타클로스인 신터클라스(Sinterklaas)를 맞는 신터클라스 데이가 있다. 이 신터클라스에겐 전통적으로 '검은 피터'란 조수가 있는데, 1950년대부터 등장한 이 캐릭터는 신터클라스를 도와 선물을 준비하고 축제 분위기를 돋우는 역할로 특히 아이들이 무척 좋아한다. 하지만 최근엔 이를 과거 제국주의의 상징이며 흑인에 대한 인종차별이라 하여 반대 성명이 일고 있다. 검은 피터는 시커먼 얼굴에 아프로 머리를 하고 붉은 립스틱을 바른 형상인데, 처음 이를 티브이에서 봤을 때 너무 놀라서 카밀에게 '누가 저런 고약한 농담을 하냐'라고 귓속말로 물어봤었다. 넘어야 할 문화 차이는 여전히 존재한다는 걸 실감하는 순간이었다.

도시에 있었더라면 축제 등의 들썩이는 연말 분위기를 실컷 즐겼었겠지만 조용한 시골이었던 탓에 어제, 오늘, 내일이 하나 다를 것 없는 12월의 네덜란드였다. 날이라도 화창하면 좋았을 텐데, 흐린 날이 많은 겨울 날씨의 네덜란드는 나를 움츠리게 했지만, 오히려 벽난로 앞에 옹기종기 가족이 더 모여앉을 기회를 주었다.

크리스마스 마켓

태어나서 처음 경험하는 크리스마스 마켓.

매서운 한파가 두꺼운 옷을 뚫어도 거리는 사람들로 가득했고, 빙글빙글 돌아가는 회전목마 앞엔 한 번 더 타게 해달라고 조르는 아이들로 가득했다. 유명한 감자튀김 집 앞에 늘어선 줄은 줄어들 줄 몰랐으며, 가판대에 진열된 형형색색 물건들은 자신을 집어줄 주인을 기다렸다. 손을 호호 불어가며 기타 줄을 튕기는 거리의 악사가 분위기를 돋우는 크리스마스 마켓.

종교가 다를지라도 다 같이 즐길 수 있는 뭔가가 있다는 건 인생을 윤택하게 한다. 카밀과 나, 모두 종교가 없어서 크리스마스에 특별한 의미를 두진 않지만 들뜬 기분으로 한 겨울밤을 즐길 수 있는 것에 감사했다.

미루의 첫 크리스마스

리틀 산타 최미루. 메리 크리스마스!
요란하지 않은 조용한 크리스마스였다. 별다른 이벤트나 선물 교환 없이 시댁 식구 모두 모인 저녁식사가 다였지만 시아버지께선 요리 솜씨를 제대로 발휘하셨고 시어머니께선 아주 예쁘게 테이블을 세팅하셨다. 한국의 가족은 어떻게 크리스마스를 보내셨을지, 어떤 음식을 드셨을지 많이 그리워지는 순간이었다.

마지막 키스

1초 사이로
마지막 키스는
첫 번째 키스가 된다.

비바 청춘.
해피 뉴 이어.

비는 부슬부슬.
거리는 추적추적.
불꽃놀이는 펑펑.
사람들은 들썩들썩.
엄마 아빠는 어슬렁어슬렁.
미루는 어리둥절.
브뤼셀의 해피 뉴 이어.

새해 아침

내년엔 어디서 새해 아침을 맞이할까?
그곳은 과연 우리 집일 수 있을까?

브뤼셀의 떡국

애초 계획은 나디아의 집에서 새해를 맞는 거였다. 생일이 같은 미루와 무나의 생일 파티도 같이 하자며 한참 들떠 얘기도 했었다. 하지만 서로에게 오해가 생겨 계획은 무산됐고, 이미 시댁을 떠난 후라 마땅히 갈 곳 없는 상황이 되고 말았다. 그러다 우연히 벨기에의 수도 브뤼셀에 살고 있는 지인과 연락이 되어 브뤼셀로 향하는 고속도로를 타게 되었다.

발길 닿는 대로 가는 여행에선 익숙해져야 할 단어가 몇 개 있다. 그중 하나는 '불확실성'. 결코 계획대로 되지 않기에 항상 불확실하고 그래서 계획을 세우는 것 자체가 무의미할 때가 있다. '불확실성'이란 단어는 불안감을 주지만 달리 보면 자유로운 것이다.

어찌 보면 불안하고 어찌 보면 자유로운, 그러기에 발길 닿는 대로의 나그네 여행은 항상 이 두 단어 사이를 아슬아슬하게 오가는 체조 선수와도 같다. 착지를 잘하면 자유로운 것이고 실수로 미끄러지면 불안한 것.

새해 이브. 우린 가까스로 착지했다. 10점 만점은 아니라도 8점 정도는 될 것 같다. 전혀 예상치 않게 브뤼셀에서 맞게 된 한 해의 마지막 날, 난 떡국을 끓였다. 떡국과 와인. 전혀 어울리지 않은 메뉴였지만 우린 맛있게 먹었고 미루는 이게 뭔가 하는 눈으로 떡국을 봤다.

첫 생일

육아 블로그를 보면 참 대단한 엄마들이 많다. 도대체 언제 다 만드는 건지, '엄마표'란 이름으로 혀를 내두르는 재주를 가진 엄마들을 보면 질투의 화신이 덩실덩실 망나니처럼 칼을 휘두르게 된다. 그리고 '다른 엄마들 기죽이려고 이러는 거야!'라며 이들처럼 못 하는 죄책감을 괜한 핀잔으로 합리화한다.

무나와 같이 하려던 생일 파티 계획이 무산됨으로써 미루 첫돌을 어떻게 해야 하나 진작부터 고민이었다. 사실 한국에 있었다면 그 고민은 더했을 거다. 어디서 하느냐에서부터 돌잡이 물건까지, 손님들 선물에서부터 이벤트 유무까지, 신경 쓸 게 한둘이 아닌 것이다.

솔직히 여행한다는 미명 하에 이런 걱정을 안 해도 된다는 건 큰 안심이었다. 그래도 제대로 된 돌잔치를 해주고 싶었는데, '어쩌다 보니' 생일날 우린 이동 중이었고, '어쩌다 보니' 룩셈부르크 서쪽, 독일 국경 근처의 풋샤이드(Putscheid)란 작은 시골 마을에서 미루의 생일을 맞게 됐다. 정말이지 '어쩌다 보니'였다.

아, 미루야! '어쩌다' 여행하는 부모 밑에 태어나서 돌잔치와 돌잡이도 제대로 못 한단 말이냐!

생일날 저녁, 우린 카우치서핑(Couchsurfing)을 통해 만난 친절한 가족과 함께 마을의 예쁜 카페에서 차를 마셨고 얘기를 전해 들은 카페 주인은 한 살 양초가 밝혀진 맛난 애플파이와 함께 생일 축하 노래를 틀어주었다. 미루에겐 많이 미안했지만, 앞으로 내가 해줄 엄마표는 무궁무진할 것이기에 이번에도 역시 합리화를 했다. 돌잔치 못 해줬다 해서 결코 나쁜 엄마 아니라고. 한국에 있을 때 백일상은 무척 재미있게 만들었었는데, 두 살 생일을 기대해야겠다.

생일엔…

아빠와 함께 춤을.

미루야,

한 살 생일을 축하해!

프랑스, 어느 시골 마을

Denault

↓

Limousin

↓

Peyriac Minervois

다료

네덜란드 출신 한스(Hans)와 자클린(Jacqueline)은 7년 전 유럽 도보 횡단 중 프랑스 중부 모르방(Morvan) 지역의 이곳 드노(Deault)의 경관에 매료되어 정착을 결심, 허물어진 집과 그 주변의 땅을 사 우핑(WWOOFING) 및 핼프엑스(HELPX)를 통해 사람들의 도움을 받으며 집을 짓는 커플이다. 첫 번째 집은 작년에 완성했고 지금은 그 옆에 두 번째 집을 짓고 있다.

급할 게 전혀 없던 우리는 프랑스에서도 많은 경험을 하고 싶어서 핼프엑스 사이트를 통해 이들에게 연락하여 일주일간 집 짓는 자원봉사를 했다. 한스와 자클린은 훌륭한 호스트으로서 우리에게 편안한 잠자리와 식사를 제공했고, 우린 하루 5시간씩 규칙적인 스케줄에 맞춰 일했다. 드노에서 보낸 일주일은 카밀에겐 집을 지을 때 필요한 기본 지식을 습득한 좋은 시간이었으나 미루를 돌봐야 하는 나로서는 일할 수 있는 시간이 한정적이어서 많은 도움을 주지 못해 아쉬웠다.

이렇게 본격적인 여정의 시작을 딱히 프랑스적이라 할 것 없는 프랑스 중부 어느 시골에서 시작했다.

우핑과 핼프엑스: 도움이 필요한 농장이나 가정, 혹은 게스트하우스에서 정해진 시간만큼 노동을 제공한 후 숙식을 받는 프로그램.

드노의 하루 일과 & 몇 개의 팩트

월요일부터 금요일까지.
08:00 am: 아침 식사
09:00 am: 일
10:00 am: 티 타임
10:30 am: 일
12:00 pm: 점심 식사
01:00 pm: 일
04:00 pm: 자유시간 시작
06:00 pm: 저녁 식사
주말은 자유.

우리가 한 일:
드릴로 돌벽 구멍 뚫기.
천장 골격 만들기.
측량하기.
재료 나르기.
문 다듬기.

· 드노는 구글 지도에 안 나와 있다.

· 주변에 몇 채의 집이 있지만 버려진 집이거나 주인이 여름에만 오는 집이다.

· 가장 가까운 마을은 차로 5분 정도 가야 하는데 이름이 '꼬랑시(Corancy)'다.

· 꼬랑시 마을엔 우체국은 있으나 상점은 없다.

· 장을 보려면 큰 마을인 샤또 시농(Château Chinon)으로 가야 하는데 차로
  15분 걸린다.

· 샤또 시농은 불어로 '시농 성'이란 뜻인데 샤또 시농엔 성이 없다.

· 프랑스 전 대통령인 프랑수아 미테랑(François Mitterrand)이 20년 넘게
  샤또 시농의 시장을 했다.

· 한스와 자클린은 그동안 다녀간 햄퍼들이 남긴 방명록을 예쁘게 보관하고 있다.

· 이 둘은 몇십 년간 커플이었는데 지금은 아니라고 한다. 그러나 일은 같이한다.

· 두 번째 집을 만들 자금을 위해 여름엔 첫 번째 집을 휴양지로 세를 준다.

· 현판에 환영의 인사를 한글로 써달라고 해서 '어서 오세요.'라고 썼다.

노동을 했습니다

흐린 드노의 어느 날,

미루는 곤히 낮잠을 자고 있었어요.

그런데 갑자기 엄마가 일 해야 한다며

미루를 깨우셨어요.

"예? 일이라고요?"

엄마가 맡으신 일은

낡은 문을 다듬는 일이었어요.

미루는 더 자고 싶었지만,

옆에서 엄마의 말동무를 해드리기로 했어요.

하지만 곧 미루는 심심해졌어요.

장난감 오리와 대화를 해봤지만,

여전히 심심했어요.

먹으며 놀라고 엄마가 쌀 과자를 주셨지만

그래도 심심했어요.

미루는 더는 참을 수가 없었어요.

"엄마, 심심해요…

심심하다구요오오오오!!!!!"

결국 엄마는 이렇게 미루를 업고 일을 하셨어요.

엄마 허리가 아플 것 같아

미루는 걱정이 되었지만

엄마는 괜찮다며 파이팅을 외치셨어요.

엄마 등이 포근한지 미루는 그만 잠이 들고 말았어요.

기꺼이 미루를 업고 일하시는 강철 체력 엄마!

그런 엄마가 있어 미루는 참 좋답니다.

미루를 돌보면서 일하기란 쉽지 않았다. 사방팔방 기어 다니는 걸 항상 주시해야 했고, 혼자 잘 놀다가도 이내 관심이 필요하다며 나를 찾았다. 결국 등에 업고 일을 했는데 그러다 보니 내 허리가 남아날 길이 없었다. 나중엔 한스와 자클린에게 양해를 구하고 카밀이 일을 더 하는 걸로 해결을 봤다.

분노의 끌질 3종 세트

무대 디자이너로서 공식적인 내 마지막 공연은 2009년 11월 대학로에서 공연된 소극장 작품이다. 그 후 카밀을 만나 아직까지 여행을 계속하고 있으니, 현장을 떠난 지도 꽤 오래된 셈이다.

현장에서 일할 땐 직접 공구와 붓을 들고 일했었다. 작다고 무시할까 봐 억지로라도 망치질에 톱질을 자처했었는데 나중엔 작은 체구를 핑계로 슬쩍 한 발짝 뒤로 빠지는 요령도 생겼었다.

그런데 지금, 오랜만에 다시 공구를 드니 영 어색하기 짝이 없다. 그렇게 자주 쓰던 사포 기계였는데 어떻게 사포를 기계에 장착했는지 기억도 안 나고 끌을 잡는 폼도 영 어정쩡하다.

이건 뭐지? 아무리 오래 쉬었다지만, 이렇게 녹스는 건가?

그래서 나는 분노한다. 드노가 떠나갈 듯 포효하며 절대 녹슬지 않겠다고.

조심하라. 애 업고 일하는 마흔두 살 아줌마의 분노는 무섭다.

사진들은 100% 연출된 설정 사진이다.

그냥 달렸습니다

드노를 떠나
다음 행선지인
프랑스 중부 지방 리무장(Limousin)까지
그냥 달렸다.

가다가 예쁜 마을이 있으면
작은 카페에 앉아 커피도 마시고
또 가다가 지치면
길가에 캥구를 세운 후
돗자리를 깔고 도시락을 먹었다.
자유로웠다.

우당탕탕 가족

프랑스 중부 리무장 지방의 라 후시(La Roussille) 마을은 전체 가구 수가 7채 밖에 안 되는 초소형 시골 마을이다. 그 마을 끝에 엄마 모니크(Monique), 아빠 렘브란트(Rembrand), 11살 리안드라(Leandra), 9살 퀸(Quinn), 5살 마이카(Micah), 미루보다 한 달 빠른 일라나(Ilana), 고양이 두 마리, 양 세 마리, 닭 세마리 그리고 냄새나는 강아지 우스터, 이렇게 듣기만 해도 정신없는 대가족이 살고있다. 세계여행을 떠난 친구의 집을 봐주고 있는 이들은 전원생활을 경험하고자 고향인 네덜란드를 떠나 기꺼이 이곳까지 내려왔다.

카우치서핑을 통해 이들을 만났을 땐 마침 렘브란트가 두 달 넘게 출장 중이어서 모니크 혼자 아이 넷과 모든 살림살이를 감당해야 했고, 설상가상으로 차까지 고장이 나 고립된 어려운 상황이었다. 우리는 2주간 이들과 지내며 집안일, 아이들 교육, 정원 관리, 가축 관리, 교통 등 전반적인 생활을 도왔다. 북적북적 바람 잘 날 없는 이 집은 말 그대로 우당탕탕이었다.

한 집에 두 가족이 같이 산다는 건 쉬운 일은 아니었다. 돌아가며 저녁을 만드는 등 서로의 편의를 위해 몇 가지 규칙을 세우고 그에 최대한 부합하려 노력했지만, 오해가 생겼고, 또 서로의 프라이버시를 존중했으나 공간에 대한 마찰이 생기는 건 어쩔 수 없었다. 그래도 우린 최선을 다했고 툭탁거리면서도 서로에게 의지하며 즐겁게 2주를 보냈다.

이들은 지금 네덜란드로 돌아가 대안적 삶을 찾아 새로운 시골 생활을 시작했다. 정신 없는 이 가족에게 항상 평안한 바람이 불기를 빈다.

미루의
첫
친구

이 아이의 이름은 일라나(Ilana)에요.

왈가닥 성격의 명랑 아가씨지요.

미루는 처음엔 일라나가 마음에 들지 않았어요.

성격이 달라도 너무 달랐거든요.

가지고 노는 장난감을 슬쩍 뺏어가 미루를 화나게 했고

목욕할 때 시끄럽게 소리치고 첨벙거려서

당최 여유롭게 즐길 수가 없었어요.

또 비명 같은 울음소리는 어찌나 거슬리던지요.

하지만 같이 지낼수록 일라나에겐 거부할 수 없는 매력이 있었어요.

일라나가 뭘 보는지 궁금했고 뭘 먹는지 궁금했지요.

결국, 둘은 땔 수 없는 사이가 되었어요.

미루에게 처음으로 좋은 친구가 생긴 거지요.

헤어지는 날,

미루는 일라나에게 더 잘해주지 못했던 게 아쉬웠어요.

성격 좋고 매력적인 친구, 일라나!

건강하게 다시 만날 그 날을 기대합니다.

독립심이 강하고 와일드한 일라나와 그에 비해 신중하고 조심스러운 미루.

이렇게 전혀 다른 성격의 일라나에게 적응해 가는 미루의 모습은 꽤 재미있었다. 처음엔 물건을 뺏긴 후 울고, 비명이 싫어서 울고, 저돌적으로 달려드는 모습에 울었다. 하지만 서서히 일라나의 성격을 받아들여 물건을 뺏기면 다른 물건을 찾고, 비명이 들리면 피하고, 달려들면 같이 맞서는 등 그에 맞게 행동했다. 일라나가 잠재된 미루의 와일드함을 깨웠다고나 할까?

앞으로 맞게 될 새로운 환경과 사람들이 미루의 잠재된 성격을 좋은 방향으로 일깨웠으면 좋겠다. 천성이 순둥이라고 해서 어디서든 쉽게 적응할 거라 방심하지만 말자.

홈스쿨링

홈스쿨링은 아이를 학교에 보내지 않고 집에서 교육하는 것을 말한다. 천편일률적인 공교육에서 벗어나 아이 개개인의 적성과 능력에 맞춰 자기주도적으로 자유롭게 공부하고 부모와 아이의 관계를 상호 협동적으로 만든다는 점에서 유럽의 많은 부모가 홈스쿨링으로 전환하고 있다.

유럽 모든 나라가 홈스쿨링을 인정하는 건 아니다. 독일은 법적으로 홈스쿨링이 금지여서 이를 어길 시 아동 방치로 간주해 국가가 부모로부터 아이를 격리시킨다. (여행 중 이런 이유로 독일을 떠난 가족을 많이 봤다.) 네덜란드도 마찬가지여서 만약 미루를 네덜란드에 등록시킬 경우 때가 되면 반드시 학교에 다녀야 한다. 프랑스나 스페인처럼 매년 국가에서 보낸 관계자에게 학교를 대신하는 커리큘럼이 제대로 있는지 증명해야 하는 나라도 있다.

모니크는 프랑스에 있을 동안 홈스쿨링을 시도한 케이스다. 아이 넷을 키우며 홈스쿨링을 시도하다니, 큰 용기였지만 곧 난관에 부딪쳤다. 일단 모니크 혼자 아이 넷을 관리하기가 너무 벅찼다. 학습욕구를 자극하기도 어려워서 과외 선생 경험이 있는 카밀이 수학과 영어를 가르치려 했지만 아이들은 쉽게 마음을 열지 않았고 며칠 못 가 흐지부지되었다. 가장 큰 문제는 또래 친구의 부재였다. 친구가 없으니 아이

들은 고향 친구들을 그리워했고 이는 향수병으로 이어졌다. 그걸 지켜보는 모니크의 마음이 좋을 리 없었다. 최선을 다했음에도 축 처진 아이들의 어깨를 보며 스스로 한계를 느꼈고, 홈스쿨링을 선택한 자신의 결정을 의심했다. '나는 자격이 없어.'란 자책과 함께.

홈스쿨링은 장점이 많은 교육이다. 사회성 결여를 우려하지만 일련의 연구는 심리적 측면에서 훨씬 낫다는 결과가 나왔다. 반면 부모에게 엄청난 책임감과 부담을 요구하는 건 사실이다. 숫자 개념 없는 내가 미루에게 수학을 가르칠 생각 하면 벌써부터 난감하다. 모니크의 상황을 보면서 주변의 도움, 확고한 철학 및 철저한 계획이 없는 한 홈스쿨링은 결코 효과적일 수 없다는 걸 깨달았다.

우리도 미루의 교육에 대해 종종 토론한다. 구체적인 계획을 세우기엔 이르지만 같은 뜻을 가진 다른 부모들과 함께라면 홈스쿨링을 시도하고 싶다. 미루에게 알맞은 교육은 무엇일까? 정착할 곳을 찾아 여행하는 우리에겐 매우 중요한 요소이기 때문에 지금부터라도 우리만의 단단한 교육 철학을 가져야겠다. 지금 내가 할 수 있는 건 여행을 통해 최대한 많은 것을 보여주는 것. 활짝 웃는 미루의 얼굴을 보며 '한 살배기 아기가 얼마나 보겠어?' 하는 의심을 지워본다.

프랑스의 작은 마을

다들 지루하단다. 자긴 큰물에서 놀 사람이라며 이런 곳과는 맞지 않는 사람이란
다. 우리를 맞아 준 30대 중반의 카우치서퍼 파비앙(Favian)도 런던에서 영화 공
부를 하고 싶다며 언젠간 여기를 떠날 거라 했다. 여긴 지루한 곳이기 때문이다.
그래서 다들 떠난다. 빈집이 늘어나고 돌벽이 무너진다. 거리는 한산하고 가게는
문을 닫는다. 멋모르는 이방인의 눈엔 그저 '예쁜 돌벽의 작은 프랑스 시골 마을'이
지만 포장을 벗긴 그 속은 전혀 로맨틱할 것 없는 '버려져 가는 마을'이다.
자식을 떠나보내고 고향을 떠나지 못한 어르신들이 같은 처지의 다른 어르신들과
매일 가는 빵집에서 빵을 사며 만나고, 매일 가는 카페에서 커피를 마시며 만나고,
주말에 한 번 근처 큰 마을에서 일주일 치 장을 보며 만나고, 마지막으로 마을 장례
식장에서 쓸쓸한 웃음으로 만나는 그런 시골 마을의 삶.
모니크네와 작별한 후 우린 시골 마을의 전형적인 순환을 반복하는 뻬리악 미네르
부아(Peyriac Minervois)에서 프랑스 국경을 넘기 전 마지막 휴식을 가졌다. 휴
식을 원했기에 이곳은 지루한 곳이 아닌 평안한 곳이었지만 떠난 사람으로 남은 건
마찬가지였다.

세계 지도

corée du nord   corée du sud

파비앙의 집 벽에
조금 독특한 세계 지도 포스터가 있었다.
그리고 거기에 우리나라가 있었다.
이렇게 정확히 두 동강이 난 채로.
항상 하나의 모습만 봐 온 나로선
참 어색했다.

그런 지도를 미루가 물끄러미 보고 있었다.
자신이 태어난 나라란 걸 알고 보는 걸까?
두 동강 난 역사에 대해 나중에 어떻게 생각할까?
세상엔 아이에게 설명하기 어려운 일들이
너무 많이 벌어지고 있다.

처음으로 아프다

정말 놀랐어. 그렇게 운 적이 없었는데.

한밤중 자지러지게 우는 네 모습은 네가 아닌 것 같았어.

무척이나 뜨거웠던 너의 이마.

그래, 드디어 너도 아프구나. 너도 인간이었던 거야.

생각해보면 넌 참 대단해.

일 년이 넘도록 여기저기 다니면서도

그 흔하다는 영아 산통도, 감기도, 배탈도, 중이염도

단 한 번 걸리지 않고 어찌 그리 건강했는지.

오히려 이러다 갑자기 된통 아프지 않을까

더 조마조마하게 만들었었지.

그 작은 몸으로 힝힝 앓는 소리를 내며

손가락 빨고 잠을 청하는 네 모습을 보자니

참으로 짠하고, 안쓰럽고, 아프고,

동시에 귀엽고, 예쁘고, 사랑스럽고⋯

수많은 감정이 스쳐 가는구나.

소아 병동의 엄마들 마음이 어떨지 감히 상상이 안 가.

고마워. 하룻밤 만에 일어나줘서.

3일 만에 열꽃을 극복해줘서.

한 살 신고하는구나.

이제 다시 해피 베이비로 돌아가자꾸나!

한 살은 괴로워

한 살 아기로 산다는 건
너무 괴롭다.
스페인으로 출발하기 직전,
걷는 걸 몇 번 시도하다 안 되자
그만 주저앉아 울어버린 미루.
나중엔 나뒹굴이 버렸다.
인생은 그렇게 힘든 것이다.

On The Road

예?

오랫동안 운전해서 가야 하니 그냥 자라고요?

에이, 무슨 말씀이셔요, 제 수준을 뭐로 보시고.

이동 중엔 뭐니 뭐니 해도 독서가 최고죠!

엄마, 다른 책 더 없어요?

차만 타면 자주시는 경이로운 능력의 소유자 최미루. 그 엄마에 그 딸일까? 내가 어렸을 때 멀미가 무서워 억지로 잠을 청했는데 그게 차만 타면 자는 버릇으로 이어졌었다. 장시간 이동에도 끄떡없는 우리 미루. 정말 고맙다, 고마워!

다이나믹 인생, 스페인

Barcelona

↓

Zaragoza

↓

Molina

↓

Madrid

↓

Orgiva

↓

Granada

스페인 입성!

그리하여 드디어
그렇게 말로만 떠벌렸던
스페인 입성!

그때만 해도 우리는
드디어 왔다고,
이제 정착은 시간 문제라고,
세상을 다 얻은 듯
캬악캬악 소리를 질렀다

…그 때만 해도.

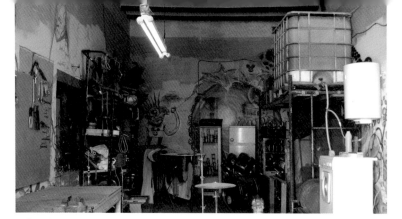

깐 페노사

빈집이나 땅에 불법으로 들어가 사는 걸 '스쾃팅(squatting)'이라 한다. 우리 말로 하면 '무단 거주'쯤 되겠는데, 유럽에선 흔한 일로 버려진 집에 들어가 일정 기간을 살면 주거권이 주어져 집주인이 함부로 쫓아내지 못한다. 재산권 논쟁과는 별개로 인간의 기본적인 살 권리에 대해 관용적이라 볼 수 있는데 요즘은 이에 대해 의견이 분분하다고 한다. 예전만큼 쉽지 않은 것이다.

'페노사의 집'이란 뜻의 깐 페노사(Can Fenosa) 역시 스쾃팅이다. 집주인은 개발 금지구역에 있는 집을 그냥 방치했고, 대안적 삶을 추구하는 젊은이 몇 명이 불법으로 들어와 제법 그럴싸한 모양새로 만들었다. 관심 없이 버려진 집에 따뜻한 사람의 손길이 닿은 것이다. 처음엔 스쾃팅에 대한 편견 때문에 집주인과 마찰이 있었지만 지금은 관계가 좋아져서 집주인이 세를 요구하지 않는다 한다. 사실 버려진 집을 시키지도 않았는데 이렇게 고쳐놨으니 귀신이라도 나올 듯 으스스하게 두는 것보단 백배 낫지 않겠는가.

주거 문제는 세계 어딜 가도 마찬가지다. 사람은 넘치는데 집은 모자라고 집값은 천정 부수로 뛰니 이렇게라도 해야 살 곳을 찾을 수 있는 게 현실이다. 우리나라에는 아직 스쾃팅 개념이 없지만, 요즘처럼 높은 집값과 전세대란이면 언제 사람들이 빈집으로 쳐들어갈지 아무도 모를 일이다. 아! 집 없는 설움이여! 내 집 마련의 꿈은 지구촌 모든 이의 공통분모인가.

깐 페노사는 집 두 채가 한 건물에 있는 집으로, 카우치서핑 호스트 파올라 외 총 7명과 당나귀 두 마리, 오리 한 마리, 강아지 세 마리, 그리고 닭들이 살고 있었다. 도시 운전을 극히 싫어하는 카밀은 바르셀로나 근처 한적한 곳에 있게 돼서 아주 좋아했고, 또 관심거리가 같은 파올라와 함께 공동체 집을 방문하기로 해서 우리에겐 여러모로 이득이었다.

빵 굽는 처녀

빵 처녀 재 오시네
앞치마를 두르셨네
호밀가루 너울 쓰고
고무장갑 끼우셨네
뜨거운 불 가슴에 인고
뉘를 위해 구우시나

낮에는 인류학을 공부하는 학생으로, 밤에는 제빵사로 변신하여 유기농 빵을 만드는 파올라. 집에 따로 빵 만드는 작업실과 화로까지 설치하여 일주일에 한 번씩 유기농 빵을 만들어 마을에 나가 판다.

발랄한 성격에 에너지가 넘치는 그녀는 노래도 잘하고 뜨개질도 잘하는 등 재주가 많아서 그 자리에서 바로 미루의 모자를 떠줬다. 당근 모양의 귀여운 모자였다.

외계인의 습격

스페이스 인베이더(Space Invader)란 옛날 오락이 있다.
그리고 그 이름을 그대로 딴 그라피티 아티스트가 있다.
그는 오락에 나오는 캐릭터를 모자이크로 만들어 거리에 설치한다.
그동안 뉴욕, 파리, 동경, 런던, 베를린 등
많은 도시가 이 외계인의 공격을 받았다.
어디서 갑자기 공격할지 모르기에
숨은 외계인을 찾는 재미가 쏠쏠하다.
난 런던, 베를린, 브뤼셀, 네팔의 카트만두 등에서 습격을 받았는데
오늘 그만 바르셀로나에서 딱 걸리고 말았다.

오늘 밖에 나갈 일이 있다면 뒤를 조심하길.
서울 한복판에서 이 작은 외계인이 레이저 빔으로
당신을 공격할지 모르니까.

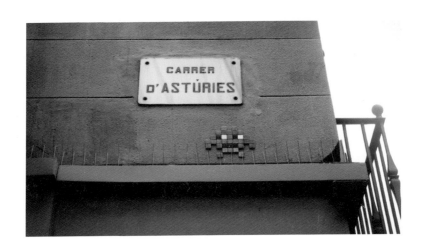

가우디는 외계인

스페인을 대표하는 천재 건축가
안토니오 가우디(Antoni Gaudi).
이번에 확실히 확인했다.
그는 외계인이었다는 걸.

그렇지 않고서야 어떻게 이런 대단한 건축물을 만들었겠는가?
고향 별과의 교신에 미처 성공하지 못하고 가신 게 틀림없다.
그의 별이 이런 재능의 한 마당이라면
당장에라도 그의 별에 가고 싶다.

공동체 집

유럽엔 기존 사회 시스템에 반기를 들고 대안적 삶을 찾는 사람들이 많다. 공동체 생활은 그런 대안적 삶 중 하나인데, 공동 투자로 땅을 산 후 각자의 프로젝트를 하는 형태, 한 집을 단체로 스쾃팅 하거나 월세를 내는 형태 등 그 형태가 다양하다. 대부분의 공동체는 자연 친화적이어서 문명의 편리함을 포기하며 산다. 태양열로 전기를 얻고 재래식 화장실을 쓰고 우물이나 강에서 물을 얻고 손빨래를 한다. 이들에게 세탁기와 TV, 빠른 인터넷 등은 사치이다.

파올라와 우린 바르셀로나 근처에 있는 몇몇 공동체 집에 방문 요청 이메일을 보냈고, 그중 깐 비알라우(Can Bialau)와 깐 깔짜다(Can Kalzada)로부터 답장을 받을 수 있었다.

두 집은 여러모로 극명한 차이점을 보였는데, 이는 집 선택의 기준점을 정하는데 도움이 됐다. 깊은 산 속에 자리한 깐 비알라우 VS 넓은 초원에 있는 깐 깔짜다. 스쾃팅 집인 깐 비알라우 VS 월세를 주는 깐 깔짜다. 15명이 사는 깐 비알라우 VS 조촐히 4명이 사는 깐 깔짜다. 오는 사람 안 막고 가는 사람 안 말리는 깐 비알라우 VS 미리 방문 허가를 받아야 하는 깐 깔짜다. 많은 인원 때문에 '성관계를 금시한다.'란 규칙이 있을 정도로 프라이버시가 제한된 깐 비알라우 VS 각자 방이 있어 프라이버시가 보장된 깐 깔짜다. 마치 신입생 MT 현장처럼 에너지가 넘치는 깐 비알라우 VS 상대적으로 적은 인원 때문에 기가 죽어있는 깐 깔짜다.

깐 깔짜다

깐 비알라우

한 마디로 얘기하자면,

깐 비알라우는 너무 버거운 곳이었고

깐 깔짜다는 너무 우울한 곳이었다.

영화 같은 일

그리고
그렇게
사랑하는
우리의 캥구는
갔다.

깐 페노사를 떠나 친구 가족이 살고 있는 사라고사(Zaragoza)로 이동 중이었다. 한참 가는데 카밀이 말했다. 캉구가 이상하다고. 타이어에 펑크가 났나? 갓길에 세웠다. 그리고 바로 그 순간, 엄청난 연기와 함께 자동차 보닛에 확 불이 붙었다. 불, 불이다! 불이라니! 카밀과 나, 둘 다 처음 한 말은 '아기부터 꺼내!'였다. 허겁지겁 안전벨트를 풀고 나와 바로 미루부터 빼냈고, 카밀은 정신없이 컴퓨터 가방 및 카메라 등 중요한 물건을 보이는 대로 챙겨 캉구로부터 냅다 뛰었다. 영화에서나 봤던 일이 실제로 일어날 줄이야!

영화에서 보는 자동차 폭발 장면이 가짜라는 걸 안 건 나중이었지만 그래도 그 순간엔 언제 폭발할지 모른단 생각에 꺼내고 싶은 물건이 있어도 차마 가까이 갈 수 없었다. 퍽 하고 유리 깨지는 소리가 났고, 펑 하고 타이어 터지는 소리가 났다. 그리고 그렇게 멍하니, 정말이지 멍하니, 캉구가 불타는 걸 지켜봤다. 알 수 없는 묘한 카타르시스와 함께.

몇 분 후 소방차와 경찰차가 왔다. 미루는 이 상황을 아는지 모르는지 불타는 캉구를 보며 그저 좋다고 까르르 웃었다.

불타는 캥구를 보며 든 느낌의 변화는 이렇다.

1. 아무 생각이 안 든다. 백지장이란 말을 실감한다.

2. 못 꺼낸 것들이 생각난다. 아뿔싸, 내 지갑과 여권이 든 가방을 못 꺼냈구나.

3. 갑자기 이 상황이 아주 웃긴다.

4. 고개를 돌리니 카밀도 웃고 있다.

5. 갑자기 정신이 맑아지며 묘한 해방감을 느낀다.

6. '그나마 이거 챙긴 게 어디야' 하며 꺼낸 것들을 체크한다.

7. 미루와 카밀, 그리고 내가 무사하다는 걸 실감한다.

8. 이 둘을 보며 엄청난 행복감과 안도감을 느낀다.

다 타버리면 그만이었다. 아꼈던 미루 한복도, 시어머니께서 그 옛날 카밀 입히려고 뜨셨다던 아기 스웨터도, 여행하면서 그렸던 내 스케치도, 내 여권, 주민등록증, 운전면허증 등등... 이렇게 다 타버리면 그만이었다. 뭣 하러 이들에 집착하나. 내가, 카밀이, 그리고 무엇보다 미루가 멀쩡히 내 옆에 있는데 말이다. 신기한 경험이었다. 어쩜 좋아 발을 동동 구르며 애 닳는 게 아닌 가슴 깊은 곳에서 올라오는 묘한, 진짜 기묘하다고 밖엔 달리 할 말이 없는 그 해방감, 카타르시스. 법정 스님께서 말씀하신 '무소유'가 바로 이건가? 놀랍게도 카밀과 난 이 모든 상황을 은근 즐기고 있었다.

도대체 신은 우리에게 뭘 말하려는 걸까?
스페인이 아니라고? 다시 한 번 생각하라고?
차분히 돌아보는 기회를 주신 거라고 생각하기로 했다.
참으로 재미있기 그지없는 우리 인생, 멋있지 아니한가!
브라보 마이 라이프다!

안녕, 캥구야

안녕, 캥구야.
내 마음속
네가 간 그 자리엔
이렇게 나무 한 그루가
우뚝 서 있을 거야.

그동안 정말
수고했어.

고마워.

히메나 가족

캥구가 장렬히 전사한 후 난감해진 우리를 반가이 맞아준 히메나(Ximena), 안드레스(Andres), 후안(Juan) 가족. 3년 전 고향인 콜롬비아를 떠나 스페인으로 이민 온 전형적인 중산층 가족으로, 우리가 베를린에 살 때 카우치서핑을 통해 3일간 이들을 호스트 한 인연으로 알게 되었다. 스페인에 온다면 꼭 들리라고 했는데 진짜로 이렇게 들리게 되었다.

문제 청소년 상담사인 안드레스는 이민자로서의 소외감을 잘 알기에 그들의 얘기를 잘 들어줄 수 있어서 아이들이 무척 잘 따른다고 했다. 콜롬비아에서 그라피티 아티스트로 활동했는데 그래서 그런지 집 안 곳곳 재미난 작품들로 가득했고 그 활동을 스페인에서도 이어가고자 했다. 프랜차이즈 식당 주방에서 일하는 히메나는 언젠가 장신구 디자인 숍을 여는 꿈을 가지고 있었다. 둘 다 야근을 하므로 12살 아들 후안은 밤에 혼자 있어야 했는데 엄마 아빠의 노고를 잘 안다는 듯 스스로 절제하며 TV를 보거나 컴퓨터를 하거나 공부를 하며 시간을 보냈다. 12살치곤 꽤 성숙한 녀석이었다.

'Mi casa tu casa', 즉 '내 집이 당신 집'이란 말과 함께 괜찮다고 극구 말렸는데도 미루를 소파에 재울 수 없다며 침실을 우리에게 내주고 기꺼이 거실에서 잤고, 미루를 공주님이라 부르며 끔찍이 예뻐해 줬다. 이들이 영어를 할 줄 몰라 어쭙잖게 몇 개 아는 스페인 단어로 소통해야 했는데 그래도 손짓 발짓 온갖 짓을 하며 하는 대화가 재미있었다. 많이 쪼들리는 삶이지만 마음만은 절대 쪼들리지 않은, 딱 봐도 얼굴에 행복이 묻어나는 이들. 사람에 대한 믿음을 상기시켜준 이 고마운 가족 덕에 우리는 이후의 계획을 여유롭게 세울 수 있었다. 이 친절함을 언제 갚을 수 있을까?

짜라고사 벽화

전혀 기대를 안 했던 곳에서
의외의 아름다움을 발견할 때.
그게 바로 여행의 참맛.

히메나 가족이 살고 있는
스페인 북서부에 있는 사라고사는
아름다운 대성당이 있는
꽤 예쁘고 아기자기한 도시였고
무엇보다 이런 멋진 벽화가 있는 곳이었다.

골목을 돌 때마다
눈앞에 훅 하고 나타나는
이런 벽화들은
걷는 발걸음을 들뜨게 하였고
사라고사란 도시에
새로운 의미를 부여하게 했다.

인류의 첫 걸음

미루는 서긴 진작에 섰어요.
위 공기가 궁금해서 좀이 쑤셨거든요.
하지만 걷는 건 좀 다른 문제였어요.
한 발자국 떼는 게 생각보다 쉽지 않았거든요.
그러던 어느 날 이 네 발 달린 동물이
두 발 달린 미루를 무시했어요.

너 아직 못 걷나?

시끄럽! 난 아직 준비가 안 됐단 말이야!

자존심이 상한 미루는 결심 했어요.

좋아, 한 번 해보겠어!

그 후 미루는 계속 연습했어요.
숲에서도 걷고, 도시에서도 걷는 연습을 했지요.
그때마다 미루 곁엔 엄마 아빠라는
든든한 지원군이 있었어요.
그러던 어느 날…

미루가 지구에 도착한 지 13개월 하고도 20일, 즉 417일째. 친구인 매기(Megi)
와 안드레스(Andres)를 만나기 위해 스페인 중부의 작은 마을 몰리나(Molina de
Aragon)로 온 그 날. 버스 정류장 앞에 있는 레스토랑에서 미루는 역사적 첫걸음
을 내디뎠다.

소나 말 같은 동물은 태어난 날 바로 걷는데 만물의 영장이라는 인간의 첫걸음은 이
렇게 오랜 시간 후에야 새겨지는구나. 새삼 인간의 모든 발걸음이 다르게 보였다.
그리고 알았다. '아장아장'이란 단어는 딱 이럴 때 쓰라고 만들어진 것을. 이제부터
미루는 제대로 된 호모 에렉투스다.

날자꾸나,

미루야!

미루야,
겨드랑이가 간지럽지 않니?
우리 날자!
날자!
날자!
한 번만 더 날자꾸나.
한 번만 더 날아 보자꾸나!

돈키호테 마을

희망조차 없고
또 멀지라도
멈추지 않고 돌아보지 않고
오직 나에게 주어진 이 길을 걸으리라
마지막 힘이 다할 때까지
가네 저 별을 향하어

세르반테스의 소설 '돈키호테'를 뮤지컬로 각색한
작품 '맨 오브 라만차' 중에서.

맨 오브 라만차. 그 이름 돈키호테. 스페인의 라만차(La Mancha) 지방에서 펼쳐졌던 그의 모험 안에는 그가 살았을 법한 멋진 성이 있는 바로 이곳 몰리나도 있다. 몰리나에서 태어나고 자란 안드레스와 그의 여자친구인 슬로베니아 출신 매기. 그들은 곧 그들 인생의 새로운 챕터를 시작한다. 일자리가 없는 이곳을 떠나 지구 반대편 뉴질랜드로. 어떤 일이 펼쳐질지 모르지만 설사 다시 돌아온다 해도 돈키호테가 그랬던 것처럼 그들은 간다. 그들의 별을 향해.

히메나 가족처럼 베를린에서 호스팅 한 인연으로 친구가 된 메기와 안드레스. 마드리드의 한국 대사관에 불타버린 여권의 재발급을 신청한 후 기다려야 하는 2주 동안 이들의 집에서 지냈다. 그리고 가족과 친구들 모두 모여 축하 및 송별 파티를 열었다. 이들의 새로운 모험에 행운만이 가득하길 진심으로 바란다.

마드리드 마실

스페인 사람들은 북유럽 사람들보다 상대적으로 아기에게 관대하다. 공공장소에서 아기가 돌아다니거나 울어도, 기저귀를 갈아도, 아기라면 다 예쁘다며 봐준다. 살갑게 만져주고 인사하고 얘기하고, 미루가 지나가면 최소 5미터 반경으로 웃음이 퍼진다. 훨씬 정겹고 좋다.

재발급 된 여권을 찾기 위해 애초 계획보다 훨씬 일찍 온 마드리드. 바르셀로나의 유명세에 가려 그 진가를 발휘 못 하지만 마드리드가 주는 뜻밖의 매력에 푹 빠져버렸다. 두 도시 중 하나를 선택해야 한다면 난 마드리드를 택할 것 같다.

따사로운 햇살이 온몸을 나른하게 하는 어느 날 오후. 마드리드의 '힙한' 동네 트리뷰날(Tribunal) 한구석의 깔끔하고 예쁜 카페에서 카밀과 함께 '카페 꼰 레체', 즉 밀크커피를 홀짝이며 아장아장 모든 테이블을 기웃거리는 미루를 본다. 손님들은 그런 미루를 보고 '올라~'하며 웃는다. 낯가림 없는 미루의 살룡 웃음. 그 웃음에 손님들은 자지러지고, 몇 살이냐, 예쁘구나, 탄성과 질문 공세가 이어진다. 서비스로 슬쩍 쿠키를 놓고 가는 웨이트리스. 아, 이런 게 행복이구나.

그러다 미루가 테이블 위의 손님 물건을 만지려 하고 난 그걸 제지한다. 한두 번 안된다 주의를 시켜도 말을 안 듣자 안 되겠다 싶어 들어 올렸더니 몸을 활처럼 휙 재치며 캬악 비명을 지른다. 힘이 감당 안 돼 내려놓으니 이번엔 드러누워 다리를 동동거린다. 가련한 눈으로 힝~힝~힝~힝~. 해석하자면 '만지게 해주세요.'

행복은 무슨… 그렇게 내 짧은 행복은 끝이 난다.

전철에서

고습도치 엄마로서 변호하자면
미루의 미모는 사람을 경악하게 한다.
우후훗!

아침 풍경 I

그 전날 아무리 힘들었더라도
아침에 눈을 떴을 때
바로 옆에서 볼 수 있는 이 얼굴들.
이 둘과 함께 뒹굴뒹굴 게으름 피우는 아침은
소중하기 그지없어라.

항상 기억하자.
모든 건 한때라는 걸.
힘든 것도 한때, 행복한 것도 한때.
그러기에 더
순간순간이 소중하다.

놀이터에서

난 누군가, 또 여긴 어딘가.

내가 보고 있는 이 모든 것들은 실제인가?

오늘 내 실존을 고민한다.

"너 무슨 생각해?"

"말 시키지 말아요. 저 지금 아주 심각해요."

어디 보자… 난 지금 이 땅 위에 있고…

이 공기를 마시며 숨 쉬고 있고…

"미루야, 미끄럼 탈래?"

미끄럼요? 지금 심각해 죽겠는데 뭔 미끄럼요?

뭐 머리 식히는 것도 괜찮겠죠. 준비됐어요, 아빠?

우와아아~ 이거 생각보다 무섭네. 그래도 재미있는걸!

에라, 실존이 밥 먹여주나? 미끄럼이 최고야!

아빠, 또 내려가요~

미루야, 빨간 약 줄까? 파란 약 줄까?

우리 매트릭스의 세계로 빠져볼까?

벚꽃이 만연했던 봄날의 어느 날. 마드리드의 한 놀이터에 미루는 처음으로 미끄럼을 즐겼다. 일라나 이후 또래 아기들과 만날 기회가 적었던 미루는 놀이터에서 천천히 타인에 대한 관심을 키워갔다. 도시에 올 때마다 자주 놀이터에 가려고 노력했는데 사실 따지고 보면 미루가 가는 곳은 모든 곳이 놀이터다.

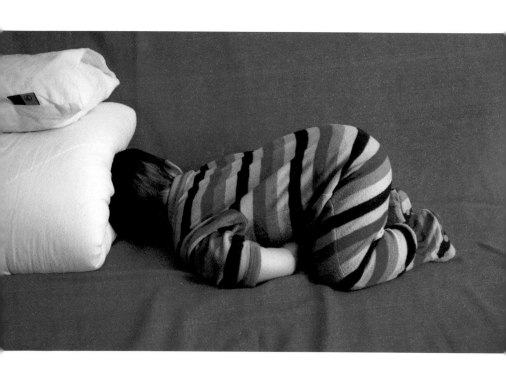

낮잠

낮잠은

개구리 자세로
자야

제맛이죠.

따뜻한
남쪽 나라로

새 여권을 발급받은 후
우린 고민했다.
차가 없는 상태에서
여행을 계속해야 하는가.
쉽지 않은 상황이었지만
결국엔 결정했다.
계속 진격이라고.
그래서 우린 히피촌으로 갔다.
따뜻한 남쪽으로.

아기 데리고 버스 타기

아기 데리고 버스 타기.

쉬운 일이 아니다. 지금껏 총 4번의 이동을 했는데 갈수록 어려워졌다. 단거리나 걷기 전엔 그나마 쉽게 이동했지만, 마드리드에서 그라나다(Granada)까지 총 6시간 반을 달려 한밤중에 도착했던 마지막 이동은 적잖이 고생이었다. 출발은 괜찮았지만 도착에 가까웠을 땐 잘 시간임에도 쉽게 잠 못 들고 칭얼대는 바람에 한 시간 넘게 아기 띠로 매고 달래야 해서 어찌나 미안하던지. 미루 정도면 순한 편이건만 조금만 칭얼대도 승객들 눈치가 보여 안절부절못했다. 스페인 사람들이 아기에게 관대했기 망정이지 독일이나 네덜란드 같았으면 엄청 눈총을 받았을 거다. 기차라면 돌아다니는 것이 가능해서 버스보단 수월하지만, 유럽의 기차 가격이 만만치 않아 그것 또한 쉽지 않았다.

차 없이 아기와 여행하기.

쉬운 일이 아니다. 어느 교통수단이건 장시간 이동은 어른도 힘든데 그걸 14개월 반 아기에게 시키려니… 이때 필요한 건 그저 참을 '인'. 부글부글 속에서 무언가 끓어올라도, 곤욕스러운 상황에서 세상 모든 게 싫어져도, 그저 참을 인, 참을 인, 참을 인. 사리는 계속 쌓여만 갔다.

생각 이상으로 까다롭고 더딘 유럽의 행정 탓에 차를 다시 사는 게 어려웠기 때문에 여행을 계속하기로 한 이상 어쩔 수 없이 대중교통의 불편을 감수해야 했다. 한숨이 절로 나오지만 어쩌랴. 감수할 건 감수해야 하는 게 여행이고 인생인 것을.

히피촌 엘 모리온

캥구가 불탄 지 한 달 후. 우리는 스페인 남쪽 그라나다에서 한 시간 떨어진 씨에
라 네바다(Sierra Nevada) 산맥 중턱에 있는 올히바(Orgiva)란 작은 마을에 있
었다. 우리 사정을 안 카밀 친구의 초대로 온 이곳은 스페인 사람보단 '따뜻한 남쪽
나라'를 찾아 영국, 독일, 네덜란드 등 북쪽에서 내려온 히피들이 많이 사는 곳이었
다.

알록달록 염색된 배기바지에, 덥수룩한 수염과 길게 늘어뜨린 드레드 락 머리를 자
랑하며 옹기종기 모여 앉아 기타 치며 노래하는 히피들. 마을에서 산 쪽으로 30분
을 걸어가면 웅장한 산 밑의 계곡을 따라 주차된 여러 캐러밴과 몽골 유목민 텐트인
유트(Yurt)가 있는데 이곳이 바로 히피촌 엘 모리온(El Morion)이다.

전기, 샤워, 세탁기 등 문명의 편리에서 벗어나 자연과 하나 되어 생활하는 이들은
혼자 여행하는 젊은이도 있지만 뜻밖에 가족도 많고 특히 싱글맘이 많다. 싱글맘 혼
자 무슨 사연으로 아이를 데리고 여기까지 내려와 터를 잡았는진 아무도 모를 일이
다. 5살에서 10살 사이의 아이들이 많은데 여기저기 맨발로 정신없이 뛰어다니고
나무에 줄을 매달아 타잔 놀이를 하고 강물에 풍덩 몸을 던지며 밤이면 어른들이 피
는 캠프파이어 아래 화합을 노래한다.

이 아이들을 보며 궁금하지 않을 수 없었다. 과연 이들은 나중에 어떤 인성의 인간으로 자랄까? 사춘기를 겪을 때 자신의 환경이 보편적 환경과는 많이 다르다는 걸 자각할 텐데, 그때 엄마는 아이에게 어떻게 설명할까? 그리고 그게 나중의 내 모습이라면?

문득 공동체에서 자란 아이들이 제도권에 들어왔을 때 제대로 적응을 못 하고 다시 공동체로 돌아간다는 글을 읽은 기억이 났다. 공동체란 울타리 안에서 나눔을 몸에 밴 체로 살다가 강자만이 살아남는 제도권에서 느낄 그 괴리감을 상상해보면 근거 없는 얘기는 아닐 것 같다. 정착할 공동체를 찾는다며 여행하고 있지만 사실 우리가 원하는 건 '공동체'란 거창한 이름이 아닌 그저 '좋은 이웃'이다. 우리만의 작은 보금자리에 '좋은 이웃' 몇 가족. 그리고 그들과 나눠 사는 삶. 문득 소박하면서도 이루기 어려운 꿈이란 생각이 들었다.

한때 내게 히피의 피가 흐른다고 생각했었다. 그리고 그게 멋인 줄 알았다. 다른 히피촌을 본 적이 없어서 감히 판단할 순 없으나 짧게나마 경험한 이곳은 내가 있을 곳이 아니란 생각이 들었다. 자연 속에서 원시적으로 살겠단 그들의 결정은 존중하지만 바깥세상과의 교류를 거부한 채 그 안에서 안일하게 살고 있단 느낌을 받았기 때문이다.

즉 '그들만의 세상' 속에 있단 느낌. 내가 원하는 삶은 어떤 형태로든 사회에 환원하는 삶이기에 달빛 아래 둘러앉아 사랑과 평화만을 노래하기엔 내가 너무 냉소적이란 생각이 들었다. 엘 모리온의 공동 유트에서 3일 밤을 지낸 후 난 카밀에게 빨리 올히바 마을로 돌아가자고 졸랐다.

여행하면 할수록 우리가 원하는 장소의 형태가 확실해진다.
여행하면 할수록 우리가 원하는 삶의 형태가 확실해진다.
여행하면 할수록 우리는 자란다.

올리브 나무 아래서

아빠는 가지치기를 하고

엄마는 그 가지를 한곳에 모으고

미루는 그저 나무 아래서 망중한을 즐길 뿐.

버스 라이프

올히바 마을로 돌아온 후 우리는 카페에 붙여진 구인 쪽지를 통해 마을 어귀에서 작은 올리브 농장을 운영하는 다비드(David)와 쉐릴(Sheril) 가족을 만날 수 있었다. 가지치기 시즌이어서 일꾼이 필요했던 그들은 우리를 농장에 있는 버스에서 무료로 지낼 수 있도록 해줬고 우리는 농장 일을 도우며 근처에 정착할만한 곳이 있는지 알아보기로 했다.

스페인 출신의 다비드와 미국 출신의 쉐릴은 5살 된 아들 마테오와 함께 농장 안에 직접 만든 유트에서 생활하고 있었다. 스페인 건축법상 땅을 샀다 해도 건축 허가를 받는 과정이 복잡했기 때문에 비교적 쉽게 그 법을 피해 갈 수 있는 유트를 만들었던 것이다.

버스엔 기본적인 것만 있었다. 일인용 매트리스 2개, 간단한 싱크대와 가스레인지. 태양열판이 있었지만 배터리가 없어서 전기 사용이 불가능했고 물도 근처 우물에서 떠와야 했다. 엘 모리온의 생활과 다를 바 없었지만 이런 불편함 때문에 거길 떠난 게 아니었기에 우리만의 공간이 있음에 감사하며 버스 생활을 시작했다.

전기도 물도 없이 지낸 근 20일의 생활은 여러모로 불편했고 이 여행의 본질에 질문을 던지게 했지만 '인간의 행복은 과연 어디에서 오는가'란 철학적 질문에 진지하게 고찰할 시간을 줬다. 꼭지만 틀면 핫 샤워를 할 수 있고 마음만 먹으면 세탁기를 돌릴 수 있다는 건 진정 최대의 사치였음을. 그리고 예전부터 목이 터져라 불렀던 '미루 야생녀 만들기' 타령을 굿거리장단에 자진모리장단까지 쳐가며 제대로 부를 수 있었다.

첨단 패션

이번엔 패션 소식입니다.

패션은 돌고 돈다고 하죠.

90년대 초, 가수 박진영 씨가 몰고 왔던 비닐 옷 열풍, 기억하십니까?

올여름, 박진영 씨도 울고 갈 새로운 비닐 옷 열풍이 몰아칠 것으로 예상됩니다.

함께 보시죠.

하루에도 슈퍼에서 수없이 버려지는 비닐봉지.

재활용하기에도 벅찰 지경입니다.

이에 네덜란드 출신 신진 패션 디자이너 카밀 씨가 새로운 아이디어를 내놓았습니다.

바로 비닐봉지로 만든 비옷입니다.

어디서나 재료를 구할 수 있고 라이터 하나면 쉽게 만들 수 있습니다.

카밀 씨는 14개월 되는 딸아이가 비닐봉지를 가지고 노는 것을 보고

아이디어를 얻었다고 합니다.

새롭게 재탄생한 비닐 비옷!

올여름, 패셔니스타라면 필수로 갖춰야 할 '잇 아이템'이 되었습니다.

지금까지 패션 소식이었습니다.

버스 창에 부딪힌 빗줄기가 하염없이 주룩주룩 흐르던 어느 날.

창문 밖을 보며 한숨을 포옥 쉬는 미루를 보자 카밀은 짓궂은 장난을 쳤다.

인간의 적응력이란 참으로 대단해서

우린 원시적인 버스 생활에 금방 적응했고

유원지에 캠핑 나온 가족처럼 이 생활을 즐겼다.

올히바의 축제

스페인 사람들보다 외국인이 더 많아 보였던 올히바. 그런 올히바에 축제가 열렸다. 스페인 전통에 의한 축제라 그런지 스페인 사람이 훨씬 더 많았다. 이 많은 사람이 그동안 어디에 숨어있었던 건지, 깜짝 놀랄 정도의 인파가 거리를 가득 메웠다.

장정들이 성모 마리아상을 짊어지고 행진을 한다. 학생으로 구성된 브라스 밴드가 그 뒤를 따라 연주한다. 진짜로 눈물을 흘릴 듯 슬픔에 차 있는 마리아의 얼굴에 적잖이 놀란다. 마리아의 안녕을 기원하며 국민의 90% 이상이 가톨릭인 스페인 전역에서 마리아 동상을 들고 행진하는 행사가 있다고 한다.

행진이 끝나고 폭죽이 이어진다. 폭죽 소리가 너무 컸는지 한 어르신께서 쓰러지는 바람에 구급차가 나타난다. 폭죽은 새벽 3시까지 이어지고 사람들은 구실이 생겼다는 듯 떠나가라 노래를 부르고 술을 마신다. 새벽 4시. 세상 조용할 것 같던 올히바도 이럴 때가 있다는 걸 증명하고 어둠 속에 가라앉는다. 축제는 이런 작은 마을에선 없어서는 안 될 활력소다.

아기는 자란다

영차영차!

다 올라왔네.

그럼 이제 내려가야지.

어, 그런데 이렇게 가팔랐었나?

기어가야겠는걸.

하나, 둘! 하나, 둘!

뭐야, 아직도 멀었어?

어디 보자, 이젠 걸어도 되겠지?

흠, 괜찮군.

아싸아~

스스로 판단하고, 결정하고, 행동하고.

그렇게 아기는 자란다.

이젠 제법 그럴듯한 비율의 직립보행 인간.

오빠야 놀자

오빠야…

마테오 오빠야, 조셉 오빠야…

같이 놀자, 응?

저리 가, 미우야. 공룡은 아직 너한텐 어렵단 말이야.

나도 공룡 알아!

공룡 주인인 마테오가 정하는 걸로 하자. 마테오, 미우도 끼워줄까?

봐, 안 된다잖아. 가서 너한테 맞는 거 가지고 놀아. 어흥, 브론토사우르스의 공격을 받아랏!

오빠들 정말 이러기야!? 칫, 치사해서 나도 안 놀아.

얘들아! 심심하지? 나랑 같이 놀자!

그런데 헷갈리네… 이게 공룡이야, 돼지야?

공룡이든 돼지든 상관없어. 다 같이 놀자!

미루 괜찮을까? 좀 미안한걸.

괜찮아. 원래 혼자서도 잘 놀아.

"많이 힘들고 외로워도 그건 연습일 뿐야~

넘어지진 않을 거야~ 나는 문제 없어~"

5살 마테오는 공룡 수집가이자 전문가로 자신의 공룡 컬렉션을 끔찍이 아낀다. 그런 컬렉션 중 일부를 미루가 만질 수 있게 해줬으니, 그로시는 상당한 배려였다. 물론 그건 전적으로 매일의 기분에 따라 달라졌지만 말이다.

부녀 듀엣 탄생

하늘이 알았나? 오늘이 올히바의 마지막 날이라는 걸.
이렇게 따뜻하고 쨍 한 날이라니.
푸짐하게 한 상 차려진 채식 바비큐 파티에
음식이 구워지길 기다리는 틈을 타 부녀 듀엣이 탄생했다.
이 모습에 왜 조용필의 노래
'고추잠자리'가 생각났는진 나도 모르겠다.

입이 트여 종알종알 종일 알 수 없는
외계어로 말하는 미루.
나는 무슨 뜻인지도 모른 채
그저 '맞아, 맞아.' 맞장구를 친다.
쉐릴이 미루 보고 말이 빨리 트였다고 했다.
어쭙잖은 카밀의 기타 반주에
자기만의 노래를 부르는 미루.
진짜로 부녀가 같이 노래하는 날은 언제가 될까?

그라나다 마실

하얀 씨에라 네바다 설산을 등지고 우뚝 선 알람브라 (Alhambra) 궁전은 그 명성답게 정말 아름다웠고 궁전의 건너편, 궁전을 한눈에 바라볼 수 있는 동네 알바이신(Albaisin)의 광장에선 젊은 아가씨들이 흥겹게 춤을 추고 있었다.

오랜만에 하는 관광객 놀이. 기회가 된다면 언젠가 그라나다 알바이신에 아파트를 렌트해 관광객이 아닌 지역 주민으로 궁전을 바라보며 몇 달 살고 싶단 생각을 했다.

오디션

엇, 밴드다!

내가 밴드에 관심이 많은데… 흠, 이 친구들 사운드 괜찮은걸.

이봐! 실력 좋은데 밴드 몇 년 째야?

혹시 보컬로 남는 자리 있으면 나 어때?

내가 무대 장악력이 좀 있거든. 보라구, 모두가 날 쳐다보잖아!

뭐야… 관심 없어?

이 친구들 보는 눈이 없군. 날 쓰면 오디션 대회 우승 따윈 식은 죽 먹기인데.

"올해 백만 장 판매고를 올리며 음악계를 강타한 신인 록 밴드, '미루와 야생인들'. 데뷔곡 '그라나다'로 빌보드 연속 7주 1위를 기록하며 전 세계에 야생인 바람을 일으키고 있다. 야생인을 보는 듯한 강렬한 퍼포먼스가 인상적인데 음악성과 상업성 두 마리 토끼를 동시에 잡았다는 평가와 함께 그래미 '올해의 밴드' 상은 쉽게 거머쥘 것으로 보인다. 노래의 제목인 '그라나다'는 이들이 처음 만난 스페인 남부 지방의 도시 이름으로 첫 만남은 그리 순탄치 않았다고 비하인드 스토리를 밝힌 바 있다."

미루는 커서 어떤 사람이 될까? 하루에도 몇 번씩 여러 공상을 한다.

어떤 날은 토즈를 신고 붕붕 날아다니는 발레리나가 되었다가, 어떤 날은 두꺼운 안경 너머 비커를 바라보는 과학자가 되기도 한다.

따뜻했던 4월의 그라나다. 미루는 밴드의 한 멤버가 되어 전 세계 순회공연을 펼쳤다. 그녀의 폭발력은 대단했으며 관중들은 그녀의 카리스마에 푹 빠져들었다. 이런 공상, 해도 해도 질리지 않는다.

그런데 미루 얼굴이 영 뚱한 걸 보니 노래가 마음에 들지 않았나 보다.

집으로

올히바의 히피 생활이 맞지 않는다고 판단한 이상 우린 어디로 가야 할지 정해야 했다. 난 많이 지쳐 있었고 휴식이 필요했다. 그리나다에서 짧은 관광 후 난 미루와 함께 친정어머니의 칠순 생신을 위해 한국행을 결정했고 카밀은 스페인 기타 지역을 더 돌아보기로 했다.

'집'이란 단어는 휴식을 의미한다. 돌아갈 집이 있다는 건 생각만 해도 편안하다. 우린 언제쯤 '우리 집'을 찾을 수 있을까. 그리하여 한국을 떠난 지 9개월여 만에 집으로 향하는 비행기에 몸을 실었다.

난 휴식이 필요했다.

언제나 직진

아무리 힘들어도
길이 있다면

미루네 가족은

언제나 직진.

미루 지구 도착

15 months - 16 months

아, 대한민국

Gyunggi
Province

시차 적응

밤이어야 하는데 왜 이리 환한가?
온몸은 졸린다고 이렇게 외치는데
과연 내 몸을 따라야 하나?
이게 도대체 무슨 일인가?
지구가 무너지려나?
아마겟돈인가?

미루는 낮에 해롱해롱.
나는 새벽에 깨는 미루 때문에 해롱해롱.
시차가 힘들지, 미루야?
빨리 적응하고 여기저기 나들이 가자꾸나!

할손 커플

자장~ 자장~ 잘도 잔다.
앞집 소도 잘도 자고 뒷집 강아지도 잘도 잔다.
일나나? 와 안 자고 일나노? 다시 누으라.
자장~ 자장~ 잘도 잔다.
앞집 소도 잘도 자고 뒷집 강아지도 잘도 잔다.
우리 미루 자나아~? 안 자나?
허허허... 알았다, 마 노라라.

마루에서 미루를 토닥이시며
낮잠 재우려다 실패하시는
아버지의 한가로운 오후.

'네가 부모 되어 알게 되리라'란 노래 가사는
진정 사실이었음을.
내가 태어나서 부모님께 제대로 효도를 한 건
미루를 안겨드린 것뿐.
아버지 옆에 딱 붙어있는 미루를 보며
앞으로 1년에 한 번씩은 꼭 한국으로 와
부모님께 미루를 보여드려야겠다는 생각을 했다.

내 주변의 커플 중 가장 아름다운 커플.

할손 커플.

즉

할아버지와 손녀 커플.

할머니 표 이유식

미루가 온 후 어머니는 미루 먹이는 재미에 푹 빠지셨다. 뭐든 제비 새끼처럼 넙죽넙죽 받아먹는 미루가 예쁘다며 매일 아침 각종 채소와 과일을 믹서기에 돌려 만든 해독 주스는 물론이요 곰국, 갈빗국, 잡채 등 쉴 새 없이 만드시니, 당신 힘들더라도 손녀 딸 먹는 거라면야. 세상에나 우리 미루 먹을 복 터졌네!

비싼 건 어찌 알았는지 전복죽을 했더니 그걸 그 자리에서 게눈 감추듯 뚝딱! 그 모습에 '앞으로 얘가 내 등골 휘는 꼴 보려고 작정했지.' 싶었다. 어머니는 농담 반 진담 반으로 '앞으로 카밀 돈 많이 벌어야겠네~'라고 한마디 하시고, 올챙이처럼 뽈록 튀어나온 배를 자랑하며 온 집안을 다다다다 뛰어다니는 모습이라니. 이제 먹보 딸 식탐을 어찌 감당할까.

사실 곰국에 밥 말아주는 게, 된장에 밥 비벼주는 게, 그리고 밥에 김 싸서 주는 게 얼마나 행복한 건지 사람들은 모른다. 한국인이라면 역시 밥. 그동안 이런 식단을 얼마나 그리워했는지. 김 담은 통을 쭉 내밀며 밥 내놓으라고 하는 걸 보면 미루는 틀림없는 한국인이다.

미루가 평균보다 살짝 작은데 어머니께선 우리가 이리저리 돌아다녀서 애를 제대로 못 먹여 그렇다고 핀잔을 주셨다. 말도 안 된다고 버럭 했지만, 은근 찔리는 건 어쩔 수 없었다. 한국에 있던 5주 동안 미루는 외할머니 표 이유식으로 행복했고 덕분에 나도 편했다. 앞으로 이런 기회, 많이 없겠지.

새 의자

미루에게 새 의자가 생겼다.
앉아서 영화를 보는 모습이
무척이나 늠름하다.

이로써 국어 대백과 사전은
새로운 기능을 가지게 됐다.

그리운 언니

꿀꺽꿀꺽!

언니, 지금 뭐 마셔?

캬아! 역시 뭐든 이 뽀로로 컵으로 마셔야

제 맛이지!

뽀로로? 그게 뭐야?

잉? 너 맹물도 꿀물로 만든다는 이 컵을

모른단 말야?

내가 그걸 어떻게 알아.

그러니까 촌스럽단 얘길 듣는 거야.

뽀로로 컵이라… 어디 한 번 볼까?

봐도 알겠어?

오호, 이거 때깔부터 심상찮은걸.

그렇지? 최신 디자인이야.

언니, 한 번 마셔봐도 돼?

물론이지. 뭘 상상해도 그 이상일 거야.

이야~ 맛있당!

자, 뽀로로를 봤으니까 이제 엘사 구두를

보여줄게. 렛잇고오오~

외사촌 세아 언니와 보낸 즐거운 시간. 여자끼리 통하는 무언가가 있는지 아기자기
노는 모습이 무척 좋아 보였다. 문득 '이래서 다들 둘째 얘기를 하는 건가?' 싶었다.
딸 둘이 같이 소꿉놀이를 하는 모습. 나쁘진 않을 것 같다.

그리운 오빠

미루에게 유일한 사촌 오빠인 5살 태민이는
작년만 해도 미루에게 큰 관심을 보이지 않았다.
하지만 올해는 좀 다른지
졸졸 따라오는 미루가 귀찮은 듯 저리 가라 했지만
그래도 재미난 건 같이 나눌 줄 아는
제법 의젓한 오빠가 되었다.

앞으로 가족 수가 셋이 될지 넷이 될지 그 누구도 모르지만
한국에 세아 언니, 태민 오빠 같은 사촌 언니 오빠들이 있어
다행이라 생각했다.

신세계

처음으로 아기들을 위한 키즈 카페란 곳에 갔다.
사방이 푹신한 쿠션으로 되어 있고 놀이 공간도 다양해서
안전하게 놀기에 안성맞춤이었다.
유럽엔 이런 곳이 없는데, 역시 첨단을 달리는 우리나라다.

이런 곳은 처음이라는 듯
깔깔거리며 노는 미루를 보니 나도 덩달아 즐거웠지만
이상하게 야생녀 미루와는 어울리지 않는 것 같았다.
마치 플라스틱 세상에 갇힌 파랑새가 된 느낌이랄까.
빨리 자연으로 돌아가고 싶단 생각을 했다.

달콤한 스마트폰의 유혹이여!

한국에서 미루는 스마트폰이란 함정에 빠져버렸다. 시작은 어머니께서 우는 미루를 달래려고 보여준 거였으나 그건 판도라의 상자를 연 거였고, 이후 미루는 스마트폰을 보면 바로 낚아채 손가락으로 스크린을 치며 올리고 내리고를 반복했다. 다른 건 반항을 안 하는데 스마트폰을 제지하면 드러누워 떼를 쓰니, 한 번은 미루가 한 일본인 관광객의 스마트폰을 뺏고 안 주려고 해서 곤욕을 치렀다. 결국, 그분이 폴라로이드 카메라의 즉석 사진으로 관심을 돌려 해결했는데, 그분은 나보고 미안하다 했지만 오히려 내가 미안해 어쩔 줄 몰라 했고 서로 미안하다 머리를 조아리는 웃긴 상황이 되고 말았다.

요즘 아이들은 내가 자랐을 때와는 전혀 다른 환경과 감성 속에 자란다. 내가 자랄 때 인터넷도 휴대폰도 없었고 컴퓨터가 내 손바닥 안에 들어오리라고는 상상도 못했다. 테크놀로지가 인간의 감성을 메마르게 한다는 건, 터치 패드가 당연시되는 아이들에게 종이 책만 들이밀며 '네가 보는 이 스크린엔 정서라는 게 없어.'라고 하는 건, 지금보다 살짝 부족했던 환경에서 자란 우리 세대의 구닥다리 논리일까? 하루가 다르게 발달하는 테크놀로지와 함께 그 감성도 변할 텐데 어떻게 하면 현명하게 그 밸런스를 맞출 수 있을까? 참 이상하다. 이 넓은 세상이 바로 눈 앞에 펼쳐져 있는데 왜 그리 작은 스크린에 고개를 파묻고 있는지. 미루야, 여행에서 보는 이 모든 것이 충분치 않니? 어차피 쓸 거 난 되도록 늦게 쓰게 하자란 주의인데 내 동생은 반대로 어차피 쓸 거 그냥 일찍 쓰게 두자란 주의다. 당신은 어느 쪽을 택하겠는가?

다르다는 것

한국에 있을 동안 미루는 '혼혈아'란 이름 아래 어딜 가든 관심을 받았다. 그만큼 질문도 많이 받았는데 흔히 들었던 질문은 '혼혈이죠? 어쩐지...', '엄마 안 닮고 아빠 닮아서 예쁘네.', '영어는 잘하겠네.' 등이었다.

엘리베이터에서건 마트에서건 일면 불식의 사람들이 민망한 질문까지 서슴지 않고 했는데 남의 말에 개의치 않는 난 그냥 흘려들었으나 주변의 다문화 가족 엄마들은 사람들이 무심코 던지는 말에 상처를 많이 받는 듯했다.

외국에선 달랐다. 문화 차이인지 독일이나 네덜란드에선 '몇 살이냐'란 산난한 질문 외엔 관심이 없었고, 아기에게 관대한 스페인은 미루를 보며 호들갑을 떨었지만 우리나라처럼 외모를 보는 게 아니라 아기로서의 미루 그 자체를 봐줬다. '다르게 생겼다'는 건 별 의미가 없어 보였다.

요즘은 '혼혈아'란 단어가 주는 거부감 때문에 '다문화둥이'란 단어를 사용하는 추세지만 세상엔 사람을 구분 짓는 잣대가 너무 많고 단어 하나로 한 사람의 모든 걸 단정 짓는다. '장애우', '이혼녀', '성 소수자', '실업자' 등. 무심코 뱉는 이 단어엔 수많은 편견이 따라오고 그 틀에 갇힌 사람은 원치 않아도 이와 맞서 싸워야 한다. 내 아이가 바로 그 상황에 있을 때 엄마로서 내가 할 수 있는 일은 무엇일까?

미루가 앞으로 나에게 할 질문들을 생각해 본다.

'엄마, 난 어느 나라 사람이에요?', '엄마, 왜 난 다르게 생겼어요?, '엄마, 왜 쟤는 나랑 놀지 않아요?'

그리고 내가 해줄 대답도 생각해 본다. 미루가 단어 하나 따위에 상처받지 않는 강한 아이로 자랐으면 좋겠다. 그러려면 내가 중심을 잡고 바른 가이드를 해야 할 것이다. 무엇보다 미루 먼저 상대의 다름을 안아줄 수 있는 아이가 돼야 할 것이고 엄마인 내가 먼저 편견 어린 시선을 거두고 말 한마디에도 조심하는 자세를 가져야 할 거다. 여행은 다름을 직접 보고 이해하는 최고의 방법. 앞으로 하는 여행이 이걸 잘 잡아줄 수 있으면 좋겠다.

계절의 여왕 5월의 초입. 오랜만에 산후조리원 동기 임마들과 모임을 가졌다. 이느새 훌쩍 자란 아기들은 모두 예뻤다. 거기엔 다름이 없었다.

아, 대한민국!

있으면 떠나고 싶고 떠나면 돌아오고 싶은 그런 곳이 내 나라일까?

다른 나라 사람들도 자신의 나라에 대해 그렇게 느낄까?

오랫동안 여행을 하면 세상을 객관적으로 보게 되는데 세상을 알수록 확실해지는 한 가지가 있으니, 그건 바로 점점 더 우리나라를 사랑하게 된다는 거다. '세상에 뭐 이런 나라가 있냐'라고 쉽게 내뱉지만 알고 보면 '더한 나라'가 숱하게 많다는 걸 알기에 아름다운 우리나라를 아름다운 그대로 지키고 싶다.

그동안 카밀은 스페인 북쪽, 포르투갈, 영국, 그리고 아일랜드를 여행했다. 그리고 포르투갈이 좋았다며 정착지로 스페인 대신 포르투갈을 알아보자고 했다. 더불어 멋진 제안을 했다. 폴란드 바르샤바에서 세계 아동청소년극 축제 및 총회가 열리니 애초 만나기로 했던 베를린이 아닌 바르샤바에서 만나자고. 예전에 지나가는 말로 이 축제에 가고 싶다 했었는데 그걸 기억할 줄이야. 카밀의 뜻밖의 선물에 우린 예상치 않게 폴란드로 향하게 됐다. 미루야, 너 연극 보고 싶지 않니? 엄마가 굉장한 걸 보여줄게!

국가의 힘

베를린에 살 때 호스팅했던 카우치서퍼 중 스웨덴에서 온 젊은 여자 둘이 있었다. 대학을 갓 졸업한 후 두 달 정도 독어를 배우며 인생 경험을 쌓고자 베를린에 왔다고 했다. 그들과의 대화 중 인상 깊었던 게 있는데 요약하면 이렇다.

'여기서 일이 안 풀리더라도 스웨덴으로 돌아가면 안정된 직장을 구할 수 있고 또 국가 지원이 있어서 크게 걱정 안 한다. 그냥 여러 경험을 쌓고 싶을 뿐, 우린 스웨덴에서 행복하게 살 수 있다.'

확신에 차 애기하는 그들의 태도가 신기해서 진짜냐고 몇 번이고 되물었다. 물론 두 명의 의견으로 일반화를 할 순 없지만 진정 국가가 한 개인에게 이런 안정감을 주는 게 가능하단 사실에 스웨덴이란 나라가 어떤 나라인지 궁금해졌다. 국가 행복 지수를 말할 때 항상 상위권에 드는 나라지만 그런 피상적인 통계 대신 이렇게 말하는 그들의 눈에서 새삼 '국가의 힘'이란 걸 느꼈다.

국가란 무엇인가에 대해 참 많은 생각을 했다. 요즘은 이중 국적이 허용되지만, 예전 같으면 미루는 한국과 네덜란드 중 하나를 선택해야 했을 것이기에 더 그렇다. 카밀은 실용성에서 국가를 바라볼 뿐 국가 자체에 큰 의미를 두지 않지만 어릴 때부터 '애국심'을 강요받으며 자란 난 그렇게 되질 않는다. 국가와 조국은 다르지 않은가. 과연 지금의 내 조국은 미루의 선택 앞에 당당할 수 있는가.

미루가 '국가'라는 개념으로부터 자유롭길 바라지만 대한민국이란 '조국'에 대해 자랑스러울 수 있기를. 그러기 위해선 나부터 반성하고 행동에 옮겨야겠다. 그렇게 무거웠던, 감정적이고 격하고 아팠던, 그해의 봄이 갔다.

미루 지구 도착
17 months

폴란드, 아동극 축제

Warsaw

고민

아동극 축제라고? 흥미로운걸.

공연은 본 적이 없는데, 뭘 봐야 하지?

아저씨, 뭐 좀 여쭤볼게요. 공연 추천 좀 해주시겠어요?

부담 갖진 마시고요, 그냥 아시는 대로만 말씀해주세요.

모르신다니 할 수 없죠. 그냥 제가 알아볼게요.

어디 보자, 누구에게 물어봐야 하지?

앗, 저기 언니들이 있다!

언니들~ 저 좀 보세요, 물어볼 게 있어요!

'Witam słodkie dziecko! Co chcesz wiedzieć?'

예? 뭐라고요????????

이날 미루는 처음으로 폴란드어를 들었다. 이미 한국어, 네덜란드어, 영어만으로도 벅찬 미루는 도대체 이 세상에 왜 이리 많은 언어가 있는지 당최 이해할 수 없을 것 같다.

영국 작가 더글러스 애덤스(Douglas Adams)의 공상과학 소설 '은하수를 여행하는 히치하이커를 위한 안내서(Hitchhiker's Guide to The Galaxy)'를 보면 '바벨 피쉬(Babel Fish)'라는 도구가 나온다. 물고기처럼 생긴 이 작은 도구를 귓속에 넣으면 은하수에서 사용하는 모든 언어를 바로 알아들을 수 있는 기가 막힌 도구다. 앞으로 적어도 4개 국어를 삼낭해야 하는 미루를 위해 은하수에서 이 도구가 뚝 떨어졌으면 좋겠다. 안 그러면 골머리 싸매며 엄마 표 바벨 피쉬를 개발해야 하니까.

아시테지
세계 아동청소년극 축제

국제 아동 · 청소년 협회인 아시테지(ASSITEJ)는 3년에 한 번씩 대규모의 아동청
소년극 축제 및 총회를 연다. 난 2008년 호주 애들레이드(Adelaide)에서 열린 축
제부터 참가했고 2011년 스웨덴/덴마크를 거쳐 세 번째로 이번 바르샤바에서 열린
축제에 왔다. 앞의 두 축제에 무대 디자이너로서 참가했다면 이번엔 순전히 관객의
입장으로 축제를 즐기러 왔다는 점에서 나에겐 특별했다.

나는 아동극에 관심이 많다. 특히 세계 아동극 트렌드로 떠오르고 있는 '베이비 드
라마'에 관심이 많다. 대부분의 아동극이 4세 이상을 대상으로 하는 것에 비해 베이
비 드라마는 0세부터 3세의 아기들을 대상으로 한다. 스토리텔링 대신 아기들의 상
상력과 인지능력을 자극하는 체험 공연에 가까운데 처음 소개된 70년대만 해도 아
기들이 공연을 본다는 개념 자체에 회의적이었다. 하지만 아기들도 공연 인지능력
이 있다는 과학적 증거가 나왔고 서서히 엄연한 아동극 장르의 하나로 자리를 잡아
가고 있다.

가끔 생각한다. 과연 지금 미루가 보는 이 모든 건 어떤 형태로 자리를 잡아 미루 인생에 영향을 미칠까? 스펀지처럼 온몸으로 흡수하는 게 아기란 존재인데 뇌세포에선 지워지지만 오감 및 정서, 또 몸이 기억하는 것이니만큼 지금 보는 것들이 매우 중요하지 않을까?

오랜만에 만난 연극 동지들과 연극 얘기 꽃을 피우며 즐거웠던 날들. 연극을 향한 내 사랑과 열정을 다시 한 번 확인할 수 있는 시간이었다. 미루를 보고 있으면 아기들도 분명 공연에 대한 인지능력이 있음을 느낀다. 그러기에 더욱 미루에게 받은 영감으로 베이비 드라마를 만들고 싶다. 미루와 함께 리허설 장소를 찾을 날을 생각하니 괜히 마음이 급해졌다.

바르샤바 마실

유네스코 세계문화유산에 등재된 바르샤바의 중심지 올드 타운(Old Town)은 사실 2차 대전 때 폐허가 된 걸 복원한 곳이다. 이름은 올드 타운이지만 실제로는 올드가 아닌 것이다. 유럽의 여느 도시처럼 아기자기했던 올드 타운을 제외하곤 내 눈에 비친 바르샤바는 상당히 삭막했다. 사회주의 역사를 기억하는 내 편견 때문이었을까? 만약 바르샤바에 갈 일이 있다면 루살카(Bar Mleczny Rusalka)란 식당에 가보길 권한다. 옛날 사회주의 시절 식당의 형태를 그대로 유지하는 몇 안 되는 식당으로 카운터에서 주문을 하고 배식표를 받은 후 줄을 서서 음식을 받는다. 폴란드 옛날 음식을 먹을 수 있는 기회인데 운이 없었는지 우리가 시킨 음식은 맛이 없었다. 유난히 퉁명스러웠던 식당 할머니, 무표정한 얼굴로 숟가락을 뜨던 폴란드 사람들, 그리고 형광에 가까웠던 핑크색 수프. 맛은 둘째 치고 색다른 경험이었다. 올드 타운에서 트램을 타고 강을 건넌 후 첫 번째 정류장에 내리면 바로 보이다.
주소는 Floriańska 14, 03-001 Warsaw, Poland다.

아동극의 본질

어, 저게 뭐지? 괴물이다!

이상한 걸 남겨놨네.

저걸 여기저기 옮기는 것 같은데…

나도 한번 해 봐야지, 으랏차차!

앗, 괴물이 왔다!

으아악! 가까이서 보니 너무 징그러워~~!!

축제의 마지막 날, 호주에서 온 폴리곳(Poligot) 극단의 야외 공연에 참여한 미루. 특별한 스토리 없이 개미가 식량 옮기는 과정을 재현했는데 아이들이 자발적으로 개미들을 도울 수 있게 유도한 참여 공연이었다. 개미 의상이 어른마저 놀랄 정도로 리얼해서 인상적이었다.

이번 축제에서 미루는 총 세 편의 공연을 봤는데 한 번은 중간에 잤고 한 번은 열심히 집중해서 봤고 그리고 이 마지막 참여 공연에서는 기겁을 했다. 0세~3세 용 공연이 적어 아쉬웠지만 미루에게 처음으로 극장이란 걸 소개할 수 있어서 기뻤다.

끌림

바르샤바에서 베를린으로 가는 기차.

저기, 오빠… 여기 햇빛이 너무 강한데 자리 좀 바꿔줄 수 있어요?

어머나, 이렇게 흔쾌히 바꿔주다니.

고마워요, 오빠. 오빠 맘이 참 넓네요.

미루야, 이 오빠 좋아?

예, 친절해서 아주 좋아요.

그리고 잘 생겼고요… 왠지 끌리네요…

미루와 오빠를 태운 사랑의 기차는 잘도 달린다.

축제는 자극이다.
자극은 발전의 한 걸음을 돕는 촉매제이다.
축제로 짜릿한 자극을 받은 난
발전하고 싶어 안달이 났다.
내 안에 품어진 열정을 확인하는 건
정말이지 심장 떨리는 일.

일주일간의 축제를 마치고
우리는 스페인에서 불타버린 내 체류권 갱신을 위해
베를린으로 가는 기차에 올랐다.

미루 지구 도착
18 months

다시 시작, 독일

Berlin

내 팔자야!

뭐라고요?

혼자 숟가락으로 떠먹으라고요?

하지만 아직 잘 안 된단 말이에요…

보세요, 이걸 어찌해보려고 하는데…

잘 안 되잖아요‼

어? 손가락 사이로 빠져버렸네?

에라이! 치사해서 안 한다!

내가 진짜 먹고 싶은 거 하나 제대로 못 먹고…

아이고, 내 팔자야!

내가 이래서 살겠냐고요!

얼마 전만 해도 이랬던 그녀가…

이젠 혼자서도 잘해요.

물놀이

베를린 근처에는 호수가 많다. 바다로 가는 게 너무 먼 베를리너는 바다 대신 호수
로 간다.

여름처럼 더웠던 6월 초. 기차로 30분이면 갈 수 있는 세디너(Grosser Seddiner
See) 호수로 물놀이를 갔다. 미루로선 처음 하는 물놀이였다.

처음으로 선보인 수영복 패션. 이렇게 완벽한 S라인일 줄이야. 아직 물을 무서워하
는지라 한 자리에 서서 움직이진 않았지만 그래도 웃으며 물을 즐길 수 있게 됐다.
미루로선 장족의 발전이었다.

가끔 아기 얼굴이 아닌 듯한 표정을 지을 때가 있다.

어느덧 18개월.

자식 크는 걸로 세월 가는 걸 느끼다니.

나도 아줌마가 다 됐다.

다시 시작

베를린은 계속 자석처럼 우리를 끌어들인다.
과연 베를린과 우린 무슨 인연일까.
혹시... 우리가 있어야 할 곳은 베를린일까?

체류권을 갱신함으로써 3개월 반 만에
스페인에서 불타버린 서류들을 모두 정리했다.
비로소 뭔가 다시 시작할 수 있단 느낌.
하지만 우린 시아버지의 65세 생신 파티를 위해
네덜란드로 가야 했고
정착의 길은 여전히 까마득해 보였다.
어쩌면 내가 '정착'이란 단어에
너무 집착하는 건 아닐까란 생각을
문득 네덜란드로 향하는 기차 안에서 했다.

항상 기억하자.
모든 건 한때라는 걸.
힘든 것도 한때, 행복한 것도 한때.
그러기에 너
순간순간이 소중하다.

언제나 환영, 네덜란드

Noord-Brabant

네덜란드에 관한
몇 가지 팩트

카밀의 고향이자 미루의 또 다른 나라이기도 한 네덜란드에 대한 몇 개의 팩트.

1. 네덜란드 사람을 '더치(Dutch)'라고 부른다. '더치페이'의 '더치'가 여기서 유래했는데 매우 검소한 네덜란드 사람의 성격에서 나왔다.

2. 실제로 이들은 인색하다 할 만큼 검소하다. 삼 형제 중 첫째인 카밀은 둘째 동생의 결혼 선물을 막냇동생과 함께 와인 한 병으로 끝냈다. 그렇다. '막냇동생과 함께'다.

3. 빵을 먹을 때 버터나 잼을 바른 후 접시에 놓고 나이프와 포크로 스테이크처럼 썰어 먹는다. 손으로 먹은 나는 당황했고 아직도 제일 큰 문화 충격으로 남아있다.

4. 네덜란드 설거지 방식은 뜨거운 물로 채운 싱크대에 세제를 푼 후 길쭉한 솔로 한꺼번에 그릇을 닦는다. 그리고 달리 헹구지 않고 바로 천으로 닦아 찬장에 넣는다. 개인적으로 난 이 방식을 좋아하지 않는다.

5. 불어로 네덜란드를 '빼이 바(Pays-bas)', 즉 '낮은 땅'이라 부르는데, 잘 알려진 것처럼 나라 전체의 4/1 이상이 해수면 이하다. 한 번은 도로 옆에 언덕 위로 배가 지나가고 있어 깜짝 놀랐다. 운하가 도로보다 높은 곳에 있었던 것이다.

6. 네덜란드 말로 할아버지는 '오빠(Opa)', 할머니는 '오마(Oma)'다. 나중에 미루가 꽤 헷갈려 할 것 같다.

7. 네덜란드는 국민이 모두 자전거를 타는 걸로 유명하다. 대부분 자전거로 출퇴근하는데 주차장에 주차된 끝없는 자전거 행렬은 가히 장관이다. 어디에 세워놨는지 사람들은 어떻게 기억할까?

8. 우리나라는 환갑을 중요시해 잔치를 열지만, 네덜란드는 65세 생일에 잔치를 연다고 한다. 우리가 이번에 시댁에 온 이유도 바로 이것 때문이다.

숨바꼭질

산책하러 가기 싫은 건 알겠는데….
숨는 게 능사는 아니야, 미루야.

Into The Woods

해가 쨍 한 날엔

아빠와 함께 숲으로 가요.

숲 속 개울엔 수풀이 덩실덩실 춤을 추고

오솔길을 따라 새빨간 산딸기가 열려있지요.

깊은 숲 속으로 걷고 또 걸어요.

가다가 다리가 아프면 쉬었다 가기도 하지요.

열심히 걷는 미루의 뒤 모습이 참 예뻐요.

숲이 있어 좋아요.

시댁 바로 뒤편엔 네덜란드 자연보호지역인 브란트(De Brand) 숲이 있다.

나라 전체가 평지인 네덜란드에는 다른 유럽 국가처럼 웅장한 산맥은 없지만

나무 사이로 마법 가루 흩날리며 요정이 튀어나올 것 같은 평화로운 이 숲은

'한여름 밤의 꿈'을 꾸기에 더없이 좋다.

이 숲은 미루를 야생녀가 아닌 숲 속 요정으로 만들어 준다.

모기 한 마리

숲이 옆에 있는 만큼 감수해야 할 것도 있다.
바로 벌레.
그중 결코 작다고 무시해선 안 될 모기.

정확히 세 방.
오른쪽 눈, 오른쪽 뺨, 그리고 오른쪽 손등.
그 작은 모기 한 마리가
밤새 미루를 이렇게 만들었다.
일주일간 권투선수 '록키'가 되어야 했던 미루.
다른 건 몰라도 얼굴을 문 건 용서할 수가 없다.
이루자, 모기 박멸!

작은 연인

암스테르담의 한 놀이터에서
친구로부터 구애를 받은 미루.
키스도 적극적으로 먼저 하는
나는야 21세기 신여성.

풋내기 사랑.
그 아름다움.
오, 말해 무엇하리.

그림을 그립시다

안녕하세요! '그림을 그립시다.' 시간의 최미우입니다.

오늘은 색연필로 그리기를 해보겠습니다.

우선 시작하기에 앞서 자신에게 맞는 색을 찾아보세요.

저에겐 이 주황색보단 무지개색이 더 맞을 것 같군요.

자, 준비되셨나요?

그럼 머릿속에 떠오르는 생각을 천천히 정리해 보세요.

그리고 그걸 종이에 그려 보세요.

겁내지 마시고요, 그냥 연필 가는 대로 그리세요.

자, 다 완성되었습니다!

어때요, 참 쉽죠?

미래의 밥 로스 최미루 옹.
이젤을 나란히 놓고 같이 그림 그리는 로망이 있는 나로선
그때까지 기다리기가 참 어렵다.

황야의 무법자

누가 여길 네덜란드라 믿겠는가. 시댁에서 자전거로 15분 정도 가면 있는 론스 앤
드루넨스 뒤넨(Loonse en Drunense Duinen) 국립공원.

그 넓은 사막엔 우리밖에 없었고 엔니오 모리꼬네(Ennio Morricone)의 영화 음
악을 흥얼거리며 황야의 무법자가 되었다.

인생은…

인생은 손가락 사이로 빠져나가는 한 줌의 모래와 같아라.

그러거나 말거나.

세상 편한 네가 부럽다, 미루야

시아버지의 피자

시아버지의 피자는 단연코 세계 최고다. 피자의 고향 이탈리아에서 피자를 먹어본 적은 없지만 내가 평생 먹은 피자 중 제일 맛있다. 직접 도우를 반죽하셔서 그날 기분에 따라 각종 토핑을 올리는데 여러 종류의 치즈를 넣어 만든 피자는 진짜 맛있다. 미루도 맛을 아는지 주는 조각마다 날름날름.

시댁에서 지낸 두 달 동안 뛰어난 요리 솜씨를 자랑하는 시아버지 덕에 우린 배불리 지낼 수 있었다. 이번 시댁 방문은 상당히 고무적이었는데 불편했던 시아버지와 카밀의 사이가 나아진 것이다. 오죽했으면 시아버지 생신 후 카밀이 더 있고 싶다며 여행을 미루고 애초 계획보다 두 달이나 더 있었을까.

순전히 미루 덕이다. 당신 보고 그저 좋다며 웃는 손녀딸을 마다할 할아버지가 어디 있겠는가. 그동안 우리의 인생관을 못마땅하게 여기셔서 마찰이 심했는데 부모로서 미루를 대하는 우리의 태도를 보고 우리에 대한 편견을 어느 정도 내려놓으셨다. 아기는 진정 한 가족의 인생사에 엄청난 영향을 미친다.

시댁을 떠나는 날. 공항까지 배웅해주신 시아버지는 언제든 오고 싶을 때 오라고, 올 곳이 있다는 걸 잊지 말라고 하셨다.

조건 없이 받아들이기. 그게 바로 가족의 힘.

더 이상 여행이 마냥 설레지 않는 자의 슬픔

40대 남자 뮤지션 셋이 페루로 떠난 여행을 다룬 예능 프로그램을 봤다. 1편을 본 후 저절로 나온 첫 마디는 바로 '부럽다.'였다. 여행이 여행이 아닌, 생활이다 못 해 그저 '이동'이 돼버린 내겐 새로운 걸 새롭다 하고 불편하고 어려운 상황도 돌아갈 곳과 일상이 있기에 값진 추억으로 만들 수 있는 그들의 여행이 부러웠다.

많은 사람이 날 부러워한다. 얽매이지 않고 떠나고 싶을 때 떠나는 (내가 무척 싫어하는 표현인) 이른바 '자유로운 영혼'이어서 좋겠다고 한다. 하지만 그들이 간과하는 게 있다. 여행은 돌아갈 곳이 있을 때 여행이란 걸. 시간적 한계가 있을 때 그 여행이 더 소중하고 그 아쉬움이 다음 여행을 기약하게 한다는 걸.

임신과 출산 때문에 한국에 있던 기간을 제외하곤 오랫동안 한 곳에 석 달 이상 머문 적이 없는 나로선 오히려 한 곳에 진득하게 살며 생산적인 일을 하는, 즉 나를 부러워하는 그들이 부럽다. 지금 내가 하는 건 여행이 아닌 노마드 생활이다. '특정한 가치와 삶의 방식에 얽매이지 않고 끊임없이 자기를 부정하며 새로운 자아를 찾아가는 철학적 개념'이 노마드라지만 사실 말이 좋아서 그렇지 떠돌이와 다를 바 없다.

과유불급이라고 했다. 아는 게 병이고 모르는 게 약이라 했다. 한 분야에 오래 있다 보면 특수한 케이스가 아닌 이상 결과물에 무뎌지기 마련인데, 여행도 마찬가지다. 중국이나 동남아 한 번 다녀오면 웬만한 절은 절도 아니고, 아프리카나 인도 한 번 다녀오면 웬만한 무질서는 무질서도 아니요, 미국이나 캐나다 한 번 다녀오면 웬만

한 광활함은 광활함도 아니다. 예측이 가능하다는 것. 즉 이때쯤 이런 풍경이 보일 것이고, 이때쯤 사기를 당할 것이고, 이때쯤 기차가 연착될 걸 안다는 건 어찌 보면 참 슬픈 일이다. 무슨 일이 벌어질까, 그 설렘이 없는 것 아닌가. 그렇게 난 '여행'에 무뎌지고 있었다.

등 뉠 곳만 있다면 괜찮았던, 오히려 고생을 반겼던 옛날의 낭만적 여행은 이젠 할 수가 없다. 기저귀를 넣기 위해 짐은 무조건 줄여야 하고, 밤에 미루가 울까 4인실 같은 값싼 호스텔엔 갈 수가 없고, 미루 데리고 장시간 이동을 한다는 건 생각만 해도 스트레스며 고로 히치하이킹은 꿈도 못 꾼다. 떠나기 전 설렘보단 안 봐도 비디오인 고생길에 한숨만 포옥 나오는 이 상황. 그런데도 이 여정을 계속하는 건 카밀과 내가 살고자 하는 삶의 방향이 점점 뚜렷해지기 때문이다.

평화로운 일상의 안락함을 제대로 느꼈던 시댁 생활. 그 안락의 유혹을 뿌리치고 포르투갈로 가는 비행기에 오르며 난 소망했다. 우리가 꿈꾸는 삶을 향해 천천히 가는 것 자체로 의미 있기를. 결과에 집착하지 않고 그 과정에 의미를 두기를. 시작은 미약하나 그 끝은 창대하길.

여행 프로그램을 보며 예전의 카밀과 나를 생각했다. 그래, 우리도 그랬지. 친절해 보이는 아저씨에게 돈도 뜯기고 숙소 찾아 헤매며 흥정도 많이 했지. 카밀! 그때를 기억하니? 우리 다시 억지로라도 그때처럼 '여행'을 즐겨 보는 건 어떨까?

여행하며
미루에게
미안한 것들

사실 뭘 해도 아이에게 미안한 게 엄마란 존재다. 굳이 나 같은 특수한 상황이 아니더라도 '과연 난 좋은 엄마인가?' 수십 번 묻고, 그리 미안해하지 않아도 될 일에 지나치게 미안해하기도 한다. 사소한 일에도 인터넷과 육아서를 뒤져가며 확인하고 또 확인하는 게 엄마인 것을. 그래서 지금 미루에게 미안한 것들은 괜한 자격지심일지도 모르지만 그래도 미안한 건 미안한 거다.

여행에 책은 짐밖에 안 된단 핑계로 미루 책이 별로 없어 미안하고, 고로 미루에게 많이 못 읽어줘서 미안하고, 짐 된다는 같은 이유로 예쁜 옷을 못 챙겨줘서 미안하고, 제대로 된 미루 방과 잠자리가 없어서 미안하고, 장시간 이동에 힘들게 해서 미안하고, 맛 좋고 영양 많은 한국 음식을 못 챙겨줘서 미안하고... 따지자면 끝도 없다.

시댁엔 시아버지께서 버리지 않고 간직하신 옛날 장난감과 책이 넘쳐났다. 그걸 보고 좋아하는 미루를 보자니 마음 한구석이 저렸지만, 딱히 행동에 변화가 없어서 살짝 안심이 되기도 했다. 지인 중 한 명이 미루의 표정에서 미루가 얼마나 행복한지 알 수 있다고 했다. 사실 내게 이만큼의 칭찬이 없다. 자식을 향한 부모의 욕심은 끝이 없다지만, 더도 말고 딜도 말고 미루가 항상 이렇게 해피 베이비였으면 좋겠다.

포르투갈, 우리 집은 어디인가

Lisbon

↓

Coja

↓

Coimbra

↓

Meda de Mouros

리스본의 아침

미루네가 리스본에 도착한 시각은 도시가 막 깨어나려는 이른 아침이었어요.

미루는 바로 거리를 활보하기 시작했지요.

리스본은 이른 시간에도 멋진 패션의 남자를 볼 수 있는 세련된 도시었어요.

엄마 아빠는 커피 잔 너머로 거리의 다양한 사람들을 구경했어요.

더운 날씨에 빨간 코트를 입은 할머니도 보였고

바캉스를 즐기는 다정한 연인도 보였고

아침 조깅을 하는 건강한 언니도 보였어요.

그사이 미루는 선물 가게 아주머니와 친구가 되어 시간 가는 줄 몰랐어요.

처음 온 곳이었지만 미루는 아주 여유로웠어요.

한가롭던 리스본의 아침은 어느새 사람들로 가득 붐비기 시작했어요.

눈부시게 파란 하늘의 8월, 포르투갈의 첫날이 그렇게 열렸답니다.

리스본 공항에 비행기가 착륙한 시각은 새벽 1시였다. 기체 결함으로 원래 예정보다 6시간이나 연착된 시각이었다. 시내까지 가는 전철이 끊긴 건 당연했고 더불어 카밀이 선뜻 비싼 택시를 타자고 할 가능성이 없는 것도 당연했다. 늦은 시각에도 이상하게 공항은 사람들로 북적였는데 알고 보니 포르투갈 항공이 파업하는 바람에 며칠째 발목이 잡힌 승객들이 공항 곳곳에 자리를 잡고 자느라 그런 것이었다. 이 때문에 공항 근처 숙소엔 방이 없었고, 있더라도 하룻밤 가격이 200유로인 5성급 호텔만 있을 뿐이었다. 언젠간 올 것 같던 그 순간이 드디어 오고야 말았다. 미루를 '공공장소'에 재워야 하는 그 순간이.

밤은 깊어갔고, 누울 곳을 찾기 시작했으나 안타깝게도 편한 자리는 이미 다른 승객들이 차지한 후였다. 차디찬 바닥에 미루를 눕힐 순 없었기에 결국 젊은 남자 승객에게 양해를 구해 쿠션만 얻어 구석에 자리를 잡았다. 다행히 쿠션은 미루가 눕기에 충분한 크기였다. 잘 시간을 놓쳐 여기저기 돌아다니는 미루를 겨우 재운 후 시계를 보니 초침은 어느덧 새벽 3시를 넘기고 있었다.

문득 카밀과 둘이서 인도를 여행할 때가 생각났다. 기차가 콜카타(Kolkata) 기차역에 도착했던 시각은 새벽 4시. 우린 망설임 없이 다른 인도 사람과 섞여 배낭을 베개 삼아 기차역 바닥에 잠을 청했다. 아직도 그때 잔 잠은 내 인생 중 가장 깊게 잔 잠으로 기록된다. 공항 바닥에서 자는 미루를 보며 미루도 그때의 나처럼 그녀 인생 중 가장 달콤한 잠을 자길 기도했다. 몇 시간 후 공항은 다시 가동됐고 우린 충혈된 눈을 비비며 시내로 향했다. 며칠 후 카밀은 이 불편에 대해 항공사에 손해 배상을 청구했다.

리스본 마실

카밀은 진작부터 리스본 찬양을 했었다. 올드 타운에 있는 카페 한구석에 앉아 싸고 맛난 커피와 함께 사람 구경을 하며 일주일 내내 즐겁게 글을 썼다고, 한 번쯤 꼭 가야 할 도시라고 입이 닳도록 말했었다. 스페인 올히바에서 휴식을 원했을 때도 리스본으로 가자고 했었는데, 아! 왜 난 그때 그의 말을 안 들었을까!

16세기 해상왕국으로 세상을 호령하던 옛 영광의 노스탤지어와 오랜 독재와 가난이라는 근대사의 쓸쓸한 아름다움이 적당히 어울려 오묘한 낭만을 뿜어내는 매력의 도시 리스본. 살고 싶은 도시 하나가 늘어갈 때의 즐거움이야말로 여행이 주는 즐거움이다. 이런 아름다운 도시에 미루가 있는 걸 본다. 어떤 아름다움인지 제대로 인지할 나이는 아니지만, 그 배경과 자연스레 어울려 마치 엽서에나 볼 듯한 장면을 연출할 때, 내가 여행하는 엄마인 게 뿌듯하다.

미루에게 소개해주고픈 도시들이 정말 많다. 파리, 베니스, 부에노스아이레스, 뉴욕… 도시마다 다른 장면을 연출하는 미루를 상상하며 혼자 씨익 미소 짓지만, 순간 아차 싶어진다. 앞으로 돈 많이 벌어야겠다 싶어서. 우후훗!!

고양이

동물을 좋아하는 미루는
길에서 고양이나 강아지를 보면
한참을 서서 본다.

꼬불꼬불 작은 언덕길이 이어졌던
리스본의 올드 타운 알파마(Alfama)에서
친절하게 고양이를 만지게 해준 언니.
한 나라의 첫인상은 이런 작은 배려만으로도
충분히 좋을 수 있다.

리스본행 열차

친구가 항상
리스본 하면
'리스본행 야간열차'란
책이 생각난다고 했다.
리스본엔 트램이 있다.
책 제목처럼
트램이 지나간 길은
살짝 외롭고
그러기에 살짝 로맨틱한
묘한 기운이
담배 연기처럼
훅 왔다가 간다.

기관사

이런 열차를 운전하는
기관사를 생각할 때
쉽게 떠오르는 이미지는
약간 퉁퉁한 체격에
덥수룩한 수염에
인생의 질곡을 담은 굵은 주름에
두툼한 입술로 파이프를 꽉 문
파란 유니폼의 중년 아저씨.

하지만 반전은
어디든 도사리는 법.

아리따운 기관사 아가씨.
얼굴 좀 펴세요.
이런 멋진 열차를 운전하고 있잖아요...

코자 마을 쏘냐 양의 사연

포르투갈과 스페인엔 버려진 건물이 있는 시골 땅을 사서 집을 개조한 후 사는 북쪽 유럽 사람들이 많다. 주로 영국, 네덜란드, 독일에서 왔는데 비싼 물가의 본국에선 집을 살 수 없기에 상대적으로 반값의 물가인 포르투갈이나 스페인으로 오는 것이다.

쏘냐(Sonya)도 그중 한 명이었다. 캐러비안 지역의 섬 아루바(Aruba) 출신인 그녀는 대안적 삶을 꿈꾸며 5년 전 이곳 포르투갈 중부의 코자(Coja) 마을로 내려와 할머니가 남긴 유산으로 이 땅을 샀다. 하지만 불행히도 그녀에게 땅을 판 부동산 업자와 건축업자는 사기꾼 일당이었고, 집을 채 완공하기도 전에 돈을 들고 도망가 버렸다. 설상가상으로 2년 전 이 지역을 휩쓸었던 엄청난 산불로 캐러밴 두 대 중 한 대가 타버리는 피해를 보았다. 제대로 일을 못 마친 건축업자 때문에 수리를 거듭해야 했고 지금은 재결합했지만, 남자친구인 스테판(Steffen)과도 헤어져야 했으며 결국 빚만 잔뜩 안은 채 고향으로 돌아가 돈을 벌어야 했으니, 이런 최악의 시나리오가 어디 있단 말인가! 이제 이 집이라면 학을 떼는 그녀. 현재 네덜란드에 살고 있는 그녀는 이 집을 팔려고 내놓았다.

우린 이 지역에 사는 카밀의 지인을 통해 쏘냐와 스테판을 알게 됐고 네덜란드 시댁에 있을 때 미리 그들을 만날 수 있었다. 우리 예산과는 맞지 않아서 이 집을 살 순 없었지만 2주간 집과 땅을 관리하며 이 지역이 우리와 맞는지 알아보기로 했다. 신정한 포르투갈 어드벤처의 시작이었다.

코자 마을

'치어스(Cheers)'란 옛날 미국 인기 시트콤 주제가에 이런 가사가 있다.
어쩔 땐 모두가 나를 아는 곳에 가고 싶다. 나를 항상 반겨주는 그곳.
(Sometimes you want to go where everybody knows your name.
And they are always glad you came.)

여느 시골 마을이 그렇듯, 포르투갈 중부 쎄라 데 아쏘(Serra de Acor) 산맥
에 있는 코자 역시 '누가', '어디서', '무엇을', '어떻게', '했는'지 서로가 서로를
훤히 다 아는 작은 마을이다. 은퇴한 북쪽 유럽 사람들이 많이 정착한 관계로
마을 광장 커피숍에 앉아 있으면 포르투갈어 외에 영어, 네덜란드어, 독어 등
많은 언어를 들을 수 있는 곳이기도 하다.

이 마을을 몇 갈간 들락이다 보니 우리의 일거수일투족이 생중계되는 듯했
다. 한 번은 옆 마을 아저씨께서 차를 타고 지나가시다 차 창문을 내리며 이
렇게 말씀하셨다. '그저께 누구누구네 집에 갔다며?', '어, 그걸 어떻게 아셨
어요?', '여기서 모르는 사람이 어디 있어.', '아, 예....' 살짝 부담스러운 건
사실이지만 이런 게 바로 시골 생활이리라.

미루가 하오~ 하오~ (핼로) 하며 걸어가면 지나치는 모든 어르신께서 '우리
이쁜이 또 왔네!' 하며 인사하는, 작지만 나름대로 우체국도 있고 도서관도 있
고 큰 학교도 있는 활기찬 시골 마을이다.

야생녀 미루

포르투갈 중부 어느 산골 작은 돌집엔

20개월 되는 야생녀 미루가 살고 있어요.

혼자 놀기의 달인이지요.

잡초 제거하는 아빠 뒤를 따라다니며 아빠 흉내를 내기도 하고

엄마가 미루를 위해 만들고 있는 모래밭을

쟁기로 갈아보겠다며 감히 나서기도 해요.

가끔 마을에 가서 또래 친구와의 접속을 시도하지만

가까이하기엔 아직 너무 먼 가 보네요.

혼자여서 아쉬운 미루.

그럴 때마다 신세 한탄을 하기도 하지만

오늘도 미루는 씩씩하게 돌아다닌답니다.

엄마 아빠와 더불어 아름다운 자연이 미루를 달래주니까요.

심심하다고 엄마에게 칭얼대기도 하지만

놀잇감 찾기의 달인인 미루는

이곳에서 잘 지낸답니다.

그렇지, 미루야?

…라고 합리화를 한다.

혼자 노는 미루를 볼 때 참 짠하다. 여느 아기 같았으면 20개월이 넘어가는 이때, 문화센터도 가고 어린이집에서 또래 친구들과 놀았을 텐데. 오랜만에 자기보다 어린 아기를 보고 좋아서 어쩔 줄 모르는 미루를 보자니 빨리 친구를 만들어줘야겠단 생각에 많이 미안했다.

그래도 맨발로 거침없이 들판을 돌아다니고 반짝반짝 작은 별을 흥얼거리며 일상적인 물건을 장난감처럼 가지고 노는 우리의 야생녀 미루가 기특하기 그지없다.

오랜만에

큰 마을인 아가닐(Arganil)에 목요일마다 서는 장터로 오랜만에 나선 마실. 웬일로 카밀이 미루와 내 사진을 찍어줬다. 항상 카메라 뒤에 있기에 정작 나와 미루가 같이 있는 사진이 별로 없다는 건 카밀을 구박할 좋은 핑곗거리가 된다.

산불

그날은 여느 때와 다름없는 평범한 날이었어요.

날은 더웠고 태양은 뜨거웠지요.

평소처럼 아침을 먹은 후 아빠는 바로 일을 시작하셨어요.

무성하게 솟아있는 잡초를 제거하는 일이었어요.

아빠를 지켜보다 심심해진 미루는 집으로 들어왔어요.

그런데 갑자기 아빠의 다급한 소리가 들렸어요.

깜짝 놀라 나가보니 세상에, 산불이 난 거 아니겠어요!

천만다행으로 소방수 아저씨들이 빨리 오셔서 불을 끄기 시작하셨어요.

더 크게 번지는 걸 막아주셨지요.

헬리콥터까지 동원된 상황에 미루는 그저 어리둥절할 뿐이었어요.

다행히 산불은 빨리 진압됐고 아저씨들은 철수하셨어요.

엄마와 아빠는 진이 빠진 듯했지만 안도의 한숨을 쉬셨어요.

평범하게 시작한 하루는 그렇게 특별한 날로 끝났답니다.

내 사주에 '불조심'이 있는 걸까? 두 번째 불이다. 캥구에 이은 또 다른 불. 하지만 이번 불은 차원이 달랐다. 산불이다. 세상에나, 산불이라니!

시작은 작았지만 바람 때문에 순식간에 번져 카밀과 내가 손쓸 수가 없었고 행여 불이 집으로 번질까 봐 정말이지 정신 나간 개처럼 물통을 들고 왔다 갔다 미친 듯이 뛰었다. 연기 때문에 호흡이 목까지 차올랐지만 2년 전 산 몇 개를 날려버렸다던 엄청난 불의 재앙이 반복될까 무서워 말 그대로 젖 먹던 힘까지 모두 짜내 뛰고 또 뛰었다. 내 생애 이렇게 뛰었던 적은 대학입시 체력장 이후 처음인 것 같다.

덥고 건조하고 바람이 많이 부는 날씨 때문에 8월 말에서 9월 초까지 산불이 가장 많이 난다고 하는데, 그래서 소방서는 항상 초긴장 상태로 대기하고, 곳곳에 세워진 관제탑에서 연기 나는 곳을 포착해 바로 소방서로 연락한다고 한다.

진화의 원인은 카밀이 잡초를 제거하던 중 기계의 날이 돌을 쳐서 난 불꽃 때문인 것 같았다. 이 불로 인해 집을 중심으로 반경 300m 정도가 탔고, 고의는 아니었지만 책임감을 느낀 카밀은 애초 2주만 있기로 했던 계획을 바꿔 9월 동안 지내며 산불로 받은 피해를 정리하겠다고 제안을 했다. 재미난 건 산불이 원래 잡초를 제거하기로 했던 곳까지만 나서 3일 치 일할 분량을 단 몇 분 만에 해결했던 사실이다.

지금 생각하면 웃긴 게 있는데, 카밀이 처음 불이 났을 때 외쳤던 건 '불이야!'가 아닌 '물! 물! 물! (Water! Water! Water!)'이었다. 그래서 처음엔 그저 '목마르나?' 했었다. 생각하면 생각할수록 웃겨서 혼자 배실 배실 웃게 된다. 내 인생에 산불을 경험하다니, 세상엔 아직 경험할 일이 참으로 많다.

이곳이 우리를 불렀어

프랑스 출신 맬린(Méline)과 알퐁스(Alphonse) 커플은 6년 전 포르투갈 중동부 푼다오(Fundão) 지방의 마른 벌판을 산 후 그곳에서 맨손으로 땅을 일궈 보금자리를 만들었다. 카우치서핑에서 이들의 프로필을 본 우리는 먼저 연락을 했고 그들은 반가이 우리를 초대했다. 이미 전 남편 사이에 장성한 아들이 둘이나 있는 맬린은 알퐁스 사이에서 생긴 3번째 아기를 배 속에 품고서 이렇게 말했다.

6년 전 인터넷에서 이곳을 봤어.

직접 본 건 아니었지만 우린 느낄 수 있었어. 여기라고.

제대로 보지도 않고 사다니, 지금 생각하면 참 무모한 짓이었는데

그래도 여전히 믿고 있어. 이곳이 우리를 불렀다고.

내가 아는 벨기에 커플이 있는데, 3년 동안 5번이나 이사했어.

왠지 알아? 사람을 찾아다녀서 그래.

비슷한 가치관과 생활 방식을 가진 사람을.

하지만 사람은 변하는 법이야.

알고 보니 우리 같지 않더라, 항상 푸념했지.

난 이렇게 생각해. 먼저 날 부르는 곳을 찾고

그곳에서 자신이 추구하는 걸 꾸준히 하다 보면

사람은 자연스레 따라오는 법이라고.

우리가 처음 여기 왔을 땐 아무도 없었지만, 지금은 꽤 많은 이웃이 생겼어.

여길 가꾼 지난 6년 동안 우리가 그들을 불렀다고 생각해.

카밀, 옌! 사람을 찾지 말고 널 부르는 그곳을 먼저 찾아.

있잖아, 카밀, 혹시 우리… 거꾸로 가고 있는 건 아닐까?

우리가 그 벨기에 커플인 건 아닐까?

끊임없이 우리에게 질문을 던지는 참 알 수 없는 인생이다.

정상에서 |

포르투갈 중부 지역에 있는 쎄라 다 에스트렐라(Serra da Estrela) 국립공원
정상에 있는 휴게소에 서서 하늘의 끝자락을 잡다.
포르투갈에서 가장 높은 산답게 이건 뭐, 고개를 돌리는 곳마다
아이맥스 영화관이나 다름 아니다.

정상에서 II

9월에 우린 쎄라 다 에스트렐라 지역을 중심으로 여러 곳을 다녔다. 그러면서 많은 사람들을 만났는데 맬린과 알퐁스처럼 마른 땅을 맨손으로 개척한 가족도 있었고, 18개월 넘게 정착할 곳을 찾아 여행하는 영국 커플도 있었고, 호주에서 넘어와 산 정상에 혼자 사는 밀로(Milo) 같은 친구도 있었다. 각양각색의 사연들로 이곳에서 터를 잡은 사람들. 빨리 이 안의 일부가 되고픈 욕구는 점점 강해졌다.

밀로의 집 정상에서 탁 트인 하늘을 보고 있자니 생중계로 방송되는 날씨 변화를 그대로 볼 수 있었다. 밀로의 개 두 마리는 기꺼이 날씨 구경꾼이 되었고 그 옆에서 카밀은 스타워즈의 주인공 제다이 수련을 했다.

May the force be with you. 그런데 카밀, 요다는 어디 있어? 설마, 미루가 요다인 건 아니겠지?

아침 풍경 II

오늘 아침 일어나 처음으로 본 장면.
키가 부쩍 컸다는 걸 느꼈다.
그런데…
종일 저러고 다닌다.
날씨는 쌀쌀해지는데 옷 입기를 무척이나 싫어한다.
너무 야생녀로 키웠나 보다.

파업

걷기 싫다고 파업에 들어가셨다.

파업의 백미는 거리 시위다.

중세 페스티벌

한가롭던 코자 마을이 오늘은 웬일로 들썩인다. 사람들은 재미난 복장으로 활기차
게 돌아다니고 줄줄이 이어선 가판대에선 즐거운 흥정이 이어진다. 악단이 행진하
며 연주를 하고 그 뒤로 예쁜 드레스를 입은 아녀자들이 꽃을 뿌린다. 도대체 무슨
일이 벌어지는 걸까?

바로 마을이 생긴 500주년을 기념하여 마을 사람들이 자발적으로 벌린 중세 페스
티벌이다. 500년 전의 코자 마을은 어떤 모습이었을지, 역사를 기억하려는 그들의
모습이 좋아 보인다.

조용한 신속에민 있다기 오랜민에 느끼는 활기친 분위기기 좋은지, 미루는 악단을
졸졸 쫓아다니며 흥겹게 페스티벌을 즐겼다.

부활

9월 초만 해도 황토색이었던 대지가
한 달 내내 내린 비 때문에 초록으로 바뀌었다.

숲은 부활했고
산불로 까맣게 된 숲의 마음에
다시 색이 돌았다.

숲의 부활과 함께
내 마음도 부활했다.

단순노동의 미학

단순노동의 미학은 바로 정직하다는 것. 아무 생각 없어도 몸이 저절로 움직이고 일한 만큼 바로 눈앞에서 그 결과를 볼 수 있다는 것.

9월 동안 우린 돌을 날랐고, 땅을 골랐으며, 가지를 잘랐고, 식물을 심었다. 쏘냐의 땅에서 일하면서 농부들이 대지에서 일할 때 느끼는 그 희열을 어렴풋이 혹은 감히 상상할 수 있었다. 쟁기질이 가져다주는 기쁨이 이렇게 클 줄이야.

'섹스 앤 더 시티'일 줄 알았는데 알고 보니 '전원일기'였던 내 인생. 그런 사실을 방증하듯 쏘냐의 땅은 우리의 손과 자연의 정화 작용을 거쳐 새롭게 재탄생했다. 비록 우리 땅이 아닐지라도 그냥 뿌듯했다.

기꺼이 받아들이리라. 전원일기의 삶을.

코임브라 마실

오늘은 엄마 아빠와 함께 포르투갈 제의 교육도시인 코임브라로 마실을 갔어요.

오랜만에 북적거리는 도시에 온 미루는 기분이 좋았어요.

아빠 손도 뿌리치고 열심히 거리를 걸었지요.

비둘기들이 미루의 동무가 되어줬어요.

한참 걷다 보니 다리가 아파 상점 문턱에서 쉬기로 했어요.

그리고 지나가는 사람들에게 인사를 했지요.

안녕하세요, 아줌마~ 안녕하세요, 아저씨~

사람들은 그런 미루에게 미소 지으며 인사를 했어요.

몇 분 후 다시 걷기 시작한 미루, 지치지 않는 에너자이저랍니다.

포르투갈엔 이런 말이 있다. '공부는 코임브라(Coimbra)에서 하고 돈은 리스본에서 벌고 살기는 포르투(Porto)에서 산다.' 유네스코 세계유산에 등재될 정도로 오랜 역사와 아름다움을 자랑하는 코임브라 대학 캠퍼스에 옹기종기 모여 있는 젊은 이들을 보자니 내 대학 시절이 생각났다. 내가 대학 다닐 땐 그저 놀기 바빠서 공부는 뒷전이었는데, 코임브라 대학 캠퍼스같이 고풍스러운 곳에서 공부한다면 정말 열심히 할 거라는 아주 얄팍한 생각을 했다.

지도 보기가
제일
쉬웠어요

아이고 헷갈려, 도대체 여기가 어디야?

모르겠다. 어쨌든 가 보자!

어떡하지? 여기가 아닌가 봐…

엄마, 틀려도 한 번만 봐주세요, 예?

고개를 지도에 묻고 진지하게 이리저리 돌려보는 미루.

뭘 제대로 보긴 하는 건지.

미루야, 지도 보기 어렵지?

괜찮아. 앞으로 길을 잃고 헤매게 될 때가 많을 거야.

그럴 때마다 지도를 보며 천천히 풀어가자꾸나.

폰타네이라 농장

어느덧 10월. 인터넷 사용이 불가능해 여러모로 불편했던 쏘냐의 집을 떠나 수소문 끝에 '강한 바람'이란 뜻인 '폰타네이라(Fontanheira)' 농장으로 이사를 했다. 다행히 코자 마을에서 멀지 않은 '메다 데 무로(Meda de Mouros)'란 마을에 있어 쉽게 옮길 수 있었다.

이 집의 주인인 피터(Peter)와 모나(Mona)는 20년 전 암스테르담의 한 카페에 붙여진 전단을 보고 이곳에 내려와 이 땅과 집을 샀다고 한다. 처음엔 여름 별장으로 고쳐 사용하다가 천천히 이곳으로 터전을 옮겼고 지금은 포르투갈인과 결혼한 딸과 함께 또 다른 집을 지어 살고 있다.

산 중턱, 기가 막힌 전망을 자랑하는 이 예쁜 집을 보자마자 아주 마음에 들어서 예산 초과인 월세에도 불구하고 바로 계약을 해버렸다. 집안 구석구석 20년의 역사가 보이는 가구들과 소품들이 가득해서 피터와 모나가 처음 이곳에 왔던 그때로 시간 여행을 하는 것 같았다. 20년 전의 사진과 지금의 풍경을 비교해 보니 산업화의 손길이 그대로 보였는데, 20년 전의 사진엔 전봇대도, 도로도 없었다.

한 카페에서 우연히 본 전단 한 장이 인생의 방향을 이렇게 돌릴 줄 몰랐다며 향수 어린 표정으로 웃는 모나의 모습에서 영화 같은 기회는 일상 곳곳에 숨어있단 생각을 했다. 우리에게 그런 기회는 언제쯤 올까?

인형의 집

네덜란드 사람들은 검소하기로 유명한데 그래서 그런지 종종 대대로 이어 온 물건들을 본다. 이 인형의 집도 모나의 어머니께서 아기 때 가지고 노신 거라 하는데 참고로 모나의 나이가 60대 초반이다. 그렇다면 이 인형의 집은 과연 몇 살이란 말인가?

시아버지께서도 카밀이 아기 때 입었던 옷과 장난감을 소중히 간직하고 계신다. 심지어 시어머니께서 아기 때 입으셨다는 드레스를 아직도 보관하고 계셔서 지난 여름 시댁에서 지낼 때 미루에게 입혔었다.

대를 이어가는 물건들. 요즘처럼 새 물건과 일회용을 좋아하는 세상에서 이런 작은 역사를 소중하게 여기는 그들의 태도는 짐 된다는 이유로 물건 없애기에 바쁜 나를 반성하게 한다. 난 미루에게 뭘 물려줄 수 있을까?

아침 독서

매일 아침, 아침 식사보다 먼저 먹는 마음의 양식.
감히 아침 먹으라며 그녀의 독서를 방해한다.
미루야, 네가 좋아하는 곤플레이크 대령해 놨다.
마음의 양식도 좋지만 배부터 먼저 채우렴.

일상으로의 초대

맑고 따뜻하고 나른한 아침.
비현실적인 풍경.
만화책과 오렌지 주스.

꿈인지 생시인지
'시간이 여기서 멈췄으면'
저절로 중얼거리게 되는
실면서 몇 인 되는
바로 그 순간.

미루와의 첫 합작 작품

어찌 보면 몬드리안 같고, 어찌 보면 미로 같고, 21세기 새롭게 떠오르는 신진 추상화가 최미루 작가와 함께 만든 첫 작품. 내가 한 일은 별로 없다. 그저 미루가 자기 마음대로 선을 그리면 그 안을 색연필로 칠했을 뿐. 호기심이 폭발하는 21개월 아기와 놀기에 더없이 좋은 방법이다.

그동안 미루는 폭풍 성장을 했다. 많지는 않지만 할 줄 아는 단어가 늘었고 한국어든 네덜란드어든 영어든 제법 말귀를 알아듣는 듯했다. 뭐가 그리 흥거운지 항상 자작곡을 흥얼거렸고 하지 말란 행동을 했다가 들키면 외계어로 변명을 늘어놨으며 '왜 이리 안 되는 게 많아!'라는 듯 바닥을 치며 억울해했다. 채소를 먹다가 안 먹다가 변덕을 부렸고 변기를 쓸 듯 안 쓸 듯 기저귀 졸업하기 프로젝트는 계속됐으며 함박웃음과 함께 자는 나를 깨우며 '얌얌얌~' 아침밥 달라고 소매를 잡아끌었다.
마치 평생 직업이 '해피 베이비'라는 양 장소 불문하고 사정없이 날리는 그녀의 미소는 불안한 하루하루를 견디게 해주는 모닝커피와도 같았다.

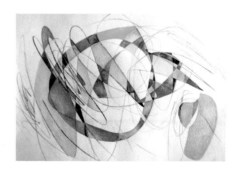

그리고... 우리 집은 어디인가

계획대로 안 돼서 인생이던가. 왜 모든 건 항상 생각보다 오래 걸리고, 생각보다 어렵고, 예상치 않은 때에 예상치 않은 일이 일어날까? 이럴 때마다 '계획은 세워서 뭘하나. 어차피 안 될 것을'이란 허무함마저 생긴다. 포르투갈에서의 길다면 길고 짧다면 짧은 3개월 반의 시간. 계획대로 되는 건 없었다. 여러 곳을 다녔지만 뜻밖에 바탕이 튼튼한 공동체 마을은 없었고 '이곳이다!'라고 확신을 주는 장소도 나타나지 않았다.

재정 상태는 나빠졌고, 게다가 카밀의 건강에 문제가 생겨 모든 행동이 느려졌다. 무엇보다 카밀과 나의 의견 마찰이 심해져서 목소리 높아지는 일이 잦아졌다. 질리도록 많은 대화를 했다고 생각했건만 작은 결정 하나에도 이렇게까지 의견 차이를 보이다니, 한 사람이 다른 한 사람을 진정으로 알기까진 과연 얼마나 걸리는 걸까? 날씨도 도와주지 않았다. 겨울로 접어든 포르투갈은 하루가 멀다 하고 비가 왔고, 남쪽이라 덜 추울 줄 알았건만 종일 벽난로에 불을 때도 싸늘한 공기에 저절로 어깨가 움츠려졌다. 구름처럼 흘러만 가는 시간은 날 초조하게 했고 진전없는 일상 속에 내 안의 성취감은 늪으로 빠져늘었다. 그렇게 우린 지쳐갔다. 이렇게 아름다운 곳에서 우울해지다니, 아이러니였다.

그런 우리를 잡아주는 건 그 누구도 아닌 22개월짜리 인간 미루였다. 카밀과 크게 싸운 후 두통 때문에 머리를 부여잡고 있는 내게 히~ 하는 삼룡이 웃음과 함께 내 머리를 쓰다듬는 이 신기한 작은 생명을 본다면 그 누구라도 용기를 얻지 않고서는 못 배길 것이다. 자신이 얼마나 대단한 가치인지 모른 채 그저 좋다며 고개를 젖혀 목젖 웃음을 보이는 이 요물. 자식이 아예 없었다면 모를까, 이제 자식 없는 삶은 상상할 수가 없다.

그렇게 우울한 11월을 보내고 크리스마스와 연말을 네덜란드 시댁에서 지내자고 약간 지친 목소리로 카밀이 말했을 때 그에게 되물은 말은 이거였다. '어떤 결과를 내지 못했는데, 사람들에게 당할 질문 공세를 견딜 수 있겠어?' 카밀은 그 질문에 대답하지 못했다.

12월 초, 스페인과 프랑스를 거쳐 네덜란드에 이르는 자동차 여행 대장정의 전날, 인터넷에서 내 무릎을 탁 치게 만든 사진 한 장을 봤다. 어렸을 때 즐겨 봤던 애니메이션 '빨강 머리 앤'의 한 장면을 캡처한 사진이었다. 거기서 앤은 이렇게 말하고 있었다.

"엘리자가 말했어요. 세상은 생각대로 되지 않는다고. 하지만 생각대로 되지 않는다는 건 정말 멋지네요. 생각지도 못했던 일이 일어나는걸요!"

맞다. 지금까지 우리의 과정을 뒤돌아보면 계획대로 된 적은 드물었다. 산불이 날 줄 누가 알았으며, 캥구가 스페인 한복판에서 그렇게 허망하게 가버릴 줄 누가 알았으며, 체류권 때문에 베를린에서 그렇게 오래 지낼 줄 누가 알았겠는가. 3개월 반에 모든 것이 마법처럼 풀릴 거란 기대는 어리석은 짓이었다.

결코, 생각대로 되지 않는 우리 인생. 네덜란드로 향하는 첫 시동을 걸며 주근깨 빼빼 마른 빨간 머리 앤으로 빙의한다. 생각지도 않은 멋진 일이 일어날 거라 믿으며 앞으로 쏟아질 온갖 질문에 대답을 준비한다. 내년을 기약하며 잠시 포르투갈과 작별을 하고 그렇게 다시 길에 오른다. 기분이 꽤 괜찮다.

울지 마, 일어나, 떠나자!

참 속절없이 가는 게 시간이다. 엉금엉금 배밀이를 할 때 떠났던 미루는 이제 오른쪽 왼쪽 헷갈리지만 스스로 신발을 신고, '아니야'라고 정확히 싫다고 하고, 어설프지만 양치질을 하며 가끔이지만 악몽도 꾸고 잠꼬대도 한다. 여행하며 이렇게 컸다니 신통방통 대견하기도 하고 앞으로 미루가 헤쳐 갈 인생을 생각하면 까마득하기도 하다. 가끔 이 여행이 미루의 성장에 직접적으로 어떤 영향을 끼쳤을지 궁금하다. 안 아프고 건강한 것도, 어디서든 잘 먹고 잘 자고 잘 웃는 것도, 새로운 환경과 사람들에게 거부감 없이 편하게 대하는 것도 다 여행 때문일까?

미루, 카밀, 나. 우리만의 보금자리를 찾아 시작한 여행. 언제 이 여행이 끝날지, 이 여행의 끝에 무엇이 있을지, 아무도 모른다. 그러기에 이 길이 과연 맞는 길인지 헷갈릴 때가 많다. 그럴 때마다 수많은 생각이 머리를 스친다.

이 길이 아닌 것 같아. 아깝지만 되돌아가자.
아니야, 기왕 온 거, 뭐가 나올지 끝까지 가 보자!
지금 여기도 나쁘지 않은데 여기서 뭔가를 해볼까?

여행의 목표는 여전히 같다. '자연 속에서 마음 맞는 이웃과 함께 작은 공동체를 이루어 오손도손 자급자족하고 예술 활동을 하며 사는 소박하면서도 거창한 삶' 하지만 이를 향한 길은 멀게만 보이고 지금 우린 어떤 결단을 내려야 할 시점에 있다. 이럴 때 스스로 묻는다. 왜 이 여정을 계속하는지. 엄마가 된 후 달라진 것 중

하나는 다음 세대의 세상에 대해 더 생각한다는 것이다. 앞으로 미루가 살아야 할 세상이기에 지금의 우리가 어떤 책임을 지고 행동해야 하는지, 그리고 어떤 환경을 만들어줘야 하는지 고민하고 또 고민하게 된다. 우리의 여정은 이 고민으로부터 출발했고 어려울 때마다 계속 나아갈 힘과 답을 줄 거라 믿는다.

여행하며 미루가 자라는 모습을 보면 새삼 인생은 기나긴 여행이라는 걸 느낀다. 고로 급하지 않아도 된다. 미루가 자기만의 속도로 천천히 세상을 배우듯 우리의 인생 여행도 우리만의 속도로 천천히 달릴 거니까.

쉽지 않은 길이지만 결국 우리가 선택한 길. 중요한 건 힘든 고민을 하는 이 순간에도 우린 행복하다는 거다. 집이 없어도, 넉넉하지 않아도, 의견이 맞지 않아 툭탁거려도, 차 시동을 걸고 핸들을 돌려 새로운 곳으로 떠날 수 있는 바로 이 순간, 우린 행복하다. 좌회전할지, 우회전할지, 직진할지, 유턴할지, 순간의 결정을 필요로 하는 교차로와 계속 맞닥뜨리겠지만 카밀, 나, 그리고 미루, 우리 셋이 함께 하는 한 신호 후의 그 길은 행복으로 가는 길이라 믿는다. 그러면 만족한다.

그러니 미루야!

울지 마!

일어나!

떠나자!

이 세상이 얼마나 멋진 세상인지,

이 엄마가 다 보여주마!

자, 가자!

초판1쇄 발행 2016년 05월 10일

지은이 최승연
발행인 송민지
발행처 (주)피그마리온

기획팀 이치영, 고나희
경영지원팀 한창수
디자인팀 문지영, 이미아, 장서영
마케팅팀 박미진

등록번호 제313-2011-71호
등록일자 2009년 1월 9일
펴낸곳 도서출판 피그마리온
주 소 121-840 서울특별시 마포구 양화로12길 26(2층, 서교동)
전 화 (02)516-3923
팩 스 (02)516-3921
홈페이지 www.pygmalionbooks.com
이메일 books@pygmalionbooks.com

ISBN 979-11-85831-22-0
값 14,000원